国家自然科学基金资助项目（61601213）

像对匹配方法研究

贾 迪 朱 红 著

電子工業出版社
Publishing House of Electronics Industry
北京 · BEIJING

内 容 简 介

本书对近年来的像对匹配方法予以全面总结，并针对宽基线条件下像对匹配问题给出一些解决方法，这些方法均为作者近年来的研究成果。本书共4章，第1章介绍近年来的像对匹配方法，主要内容包括像对局部不变特征点匹配方法、像对直线特征匹配方法、像对区域特征匹配方法，并给出这些匹配方法的综合对比与分析；第2章介绍局部不变特征点稠密匹配方法，主要内容包括基于Deep Matching的像对高效稠密匹配方法、平滑约束与三角网等比例剖分像对稠密匹配方法；第3章为直线特征匹配与提纯，主要内容包括直线特征匹配、面向图像的直线特征矫正与匹配结果提纯；第4章是模板特征选取与匹配，主要内容包括像对模板选择与匹配、提高模板匹配性能的方法。

本书可作为图像匹配、配准研究方向硕士生、博士生、专业教师的科研参考用书，也可为广大计算机视觉处理的科技工作者提供技术参考。

图书在版编目（CIP）数据

像对匹配方法研究 / 贾迪，朱红著. —北京：电子工业出版社，2019.7

ISBN 978-7-121-36686-4

Ⅰ. ①像…　Ⅱ. ①贾…　②朱…　Ⅲ. ①图象处理－研究　Ⅳ. ①TP391.413

中国版本图书馆 CIP 数据核字（2019）第 103684 号

策划编辑：刘小琳
责任编辑：刘小琳　　　特约编辑：刘　炯 等
印　　刷：北京七彩京通数码快印有限公司
装　　订：北京七彩京通数码快印有限公司
出版发行：电子工业出版社
　　　　　北京市海淀区万寿路 173 信箱　邮编：100036
开　　本：720×1000　1/16　印张：9.75　字数：145 千字
版　　次：2019 年 7 月第 1 版
印　　次：2019 年 7 月第 1 次印刷
定　　价：68.00 元

凡所购买电子工业出版社图书有缺损问题，请向购买书店调换。若书店售缺，请与本社发行部联系，联系及邮购电话：（010）88254888，88258888。

质量投诉请发邮件至 zlts@phei.com.cn，盗版侵权举报请发邮件至 dbqq@phei.com.cn。

本书咨询联系方式：liuxl@phei.com.cn，（010）88254538。

前　言

像对匹配是指能够自动识别存在于不同像平面上的特征基元所对应的同物方结构信息。该技术作为计算机视觉的核心任务，是后续高级图像处理的关键，如图像拼接、三维重建、影像融合、超分辨率重建、视觉定位等，所涉及的领域有工业检测、导弹的地形匹配、光学和雷达的图像跟踪、交通管理、工业流水线的自动监控、工业仪表的自动监控、医疗诊断、资源分析、气象预报、文字识别及图像检索等。从摄影测量角度可将立体像对分为窄基线与宽基线两种获取模式，目前窄基线像对的匹配方法已较为成熟，而在宽基线条件下由于获取同一目标影像的设备、时间、视点、视角、光照条件等因素均不相同，故如何提高这类像对匹配的执行速度、配准率及鲁棒性成为目前的研究热点。

本书中给出的方法为作者近年来的研究成果，主要研究内容为在宽基线条件下的像对匹配方法。在局部不变特征点稠密匹配的研究中，基于HOG特征的稠密化估计给出一种稀疏到稠密宽基线像对匹配方法，适用于立体像对匹配；提出密度聚类平滑约束提纯内点及三角网等比例剖分稠密匹配，避免由于某些局部外点造成仿射变换矩阵估计不准确而影响整体平面稠密匹配准确率的问题。在直线特征匹配与提纯方法的研究中，给出三种直线特征匹配方法，包括重合度约束直线特征匹配、线段元支撑区主成分相似性约束特征线匹配、多重约束下的直线特征匹配；给出建立梯度引力图的方法，并以此为基础对直线特征位置进行矫正，结合极限约束提纯直线匹配结果。在区域匹配方法的研究中，给出结合 SV-NCC 度量彩色图像块间相似性的方法，并通过分值图选择最佳模板匹配位置；给出两种提高模板匹配性能的方法，分别为缩小模板匹配的搜索空间与无纹理区域的纹理构造方法。

本书共 4 章，第 1 章对近年来的像对匹配方法予以总结，主要内容包括像对局部不变特征点匹配方法、像对直线特征匹配方法、像对区域特征匹配方法，并给出这些匹配方法的综合对比与分析；第 2 章介绍局部不变特征点稠密匹配方法，主要内容包括基于 Deep Matching 的像对高效稠密匹配方法、平滑约束与三角网等比例剖分像对稠密匹配方法；第 3 章为直线特征匹配与提纯，主要内容包括直线特征匹配、面向图像的直线特征矫正与匹配结果提纯；第 4 章是模板特征选取与匹配，主要内容包括像对匹配的模板选择与匹配、提高模板匹配性能的方法。

参与本书相关科学实验与内容校对的同学包括朱宁丹、赵明远、吴思、李玉秀、杨宁华，在此对他们表示感谢！

由于个人水平所限，书中难免会出现疏漏和失误，恳请广大读者批评指正，并提出宝贵意见。

著　者

目　录

第1章

01

像对匹配方法综述

图像匹配作为计算机视觉的核心任务，是后续高级图像处理的关键，如目标识别、图像拼接、三维重建、视觉定位、场景深度计算等。近年来，尽管国内外学者在该领域的研究中提出许多优秀的方法，但还未见对这类方法予以全面总结的文章，为此，本章从局部不变特征点、直线、区域匹配三个方面对这些方法予以综述。局部不变特征点匹配在图像匹配领域出现最早，本章对这类方法中的经典方法仅予以简述，对于近年来新出现的方法予以重点介绍，尤其是基于深度学习的匹配方法，包括 TILDE、Quad-networks、Deep Desc、LIFT 等方法。由于外点剔除类方法常用于提高局部不变点特征匹配的准确率，因此也对这类方法予以介绍，包括 BF、GMS、VFC 等。与局部不变特征点相比，线包含更多场景和对象的结构信息，更适用于具有重复纹理信息的像对匹配。线匹配的研究需要克服包括端点位置不准确、线段外观不明显、线段碎片等问题，解决这类问题的方法有 LBD、CA、LP、共面线点投影不变量法等，本章从问题解决的角度对这类方法予以介绍。区域匹配从区域特征提取与匹配、模板匹配两个角度对这类方法予以介绍。典型的区域特征提取与匹配方法包括 MSER、TBMR，模板匹配方法包括 FAST-Match、CFAST-Match、DDIS、OATM，以及深度学习类的方法如 MatchNet、L2-Net、PN-Net、Deep CD 等。本章从局部不变特征点、直线、区域三个方面对图像匹配方法予以总结对比，包括不同匹配方法计算时间与准确率的比较、基于深度学习类匹配方法的比较等，给出这类方法对应的论文及代码下载地址，并对未来的研究方向予以展望。图像匹配是计算机视觉领域后续高级处理的基础，目前在宽基线匹配、实时匹配方面仍需要进一步研究。

早期图像匹配方法以角点检测与匹配为主，从 Harris 角点检测算子[1]到 FAST 检测算子[2]，以及对这类角点检测算子的改进方法。SIFT[3]方法的提出将研究者的思维从角点检测中解放出来，是迄今为止该方向引用量最多的技术。目前，SIFT 类方法不再占据主导地位，基于深度学习的图像匹配方法逐步兴起，这类图像匹配不再依据研究者的观察和专业知识，而依靠数据的训练，因此匹配精确度更高。文献[4]对 SIFT 及其改进方法予以总结，文献[5]对局部图像描述符进行了综述，然而在图像匹配的诸多方法中，局部不变特征点匹配仅是其中的一类方法，直线匹配与区域匹配这两类方法还未见文章予以总结，为此本章从补充图像匹配方法的角度出发，将图像匹配方法分为三大类予以总结：局部不变特征点匹配、直线匹配、区域匹配，目的是为该方向的研究学者提供更为全面的文献综述，同时也为即将开展该方向的研究人员提供参考。

1.1 像对局部不变特征点匹配方法

局部不变特征点匹配在图像匹配领域发展最早，一幅图像的特征点由两部分组成：关键点和描述子。关键点是指特征点在图像中的位置，具有方向、尺度等信息；描述子通常是一个矢量，用于描述关键点邻域的像素信息。在进行局部不变特征点匹配时，通常只需要在矢量空间对两个描述子进行比较，距离相近则判定为同一个特征点，角点、边缘点等都可以作为潜在特征点。在角点检测方法中最常用的方法是基于图像灰度的方法，如 Harris 方法[1]。Harris 方法通过两个正交方向上强度的变化率对角点进行定义，其存在尺度固定、像素定位精度低、伪角点较多、计算量大等问题。为此，诸多学者提出相应改进方法[6-8]。文献[6]将多分辨率思想引入 Harris 角点，解决了 Harris 方法不具有尺度变化的问题。文献[7]在 Harris 方法中两次筛选候选点集，利用最小二乘加权距离法实现角点亚像素定位，大幅度提高角点检测效率和精度。文献[8]将灰度差分及模板与 Harris 方法相结合，解决了 Harris 方法存在较多伪角点、计算量大等问题。FAST 方法[2]通过邻域像素对比进行特征点检测，并引入机器学习加速过程，可应用在对实时性要求较高的场合，如视频监控中的目标识别。由于 FAST 方法仅处理单一尺度图像，并且检测的不仅是“角点”这一特征，还可以检测其他符合要求的特征点，如孤立的噪点等。当图像中噪点较多时会产生较多外点，导致图像鲁棒性下降。

SIFT 方法[3]的提出打破了角点检测的僵局，使特征点检测不再局限于角点检测，后续相继提出针对 SIFT 方法的改进方法。Xu 等人[5]对局部图像描述符进行分析描述，对这类方法的计算复杂度、评价方法和应用领域予以总结。刘立等人[4]对 SIFT 方法的演变及在不同领域的典型应用进行了较为全面的论述，并比较了各类方法的优缺点。随后，针对 SIFT 方法时间复杂度高的问题相继提出了 PCA-SIFT[9]、SURF[10]、SSIF[11]，以及对彩色图像进行处理的 CSIFT[12]、使用对数极坐标分级结构的 GLOH[13]、具有仿射不变性的 ASIFT[14]等。

以上特征点匹配方法均基于人工设计的特征点检测器，深度学习的快速发展使其在图像匹配领域的应用成为现实。在局部特征点的重复检测方面，FAST-ER 方法[15]把特征点检测器定义为一种检测高重复点的三元决策树，并采用模拟退火方法对决策树进行优化，从而提高检测重复率。由于在每次迭代过程中，都需要对重新应用的新决策树进行检测，并且其性能受到初始关键点检测器的限制，降低了该方法的鲁棒性。Verdie 等人[16]提出 TILDE 像对匹配方法，该方法能够较好地对由天气、季节、时间等因素引起的剧烈光照变化情况下的可重复关键点进行检测。参与训练的候选特征点由多幅训练图像中采用 SIFT 方法提取的可重复关键点组成，如图 1.1（a）所示；正样本是以这些点为中心的区域，负样本是远离这些点的区域。在进行回归训练时，正样本在特征点位置返回最大值，在远离特征点位置则返回较小值，如图 1.1（b）所示；在回归测试时，将测试图像分成固定大小的图像块，其回归响应如图 1.1（c）所示，再根据非极大值抑制提取特征点，如图 1.1（d）所示。该方法适用于处理训练数据和测试数据为同一场景的图像。

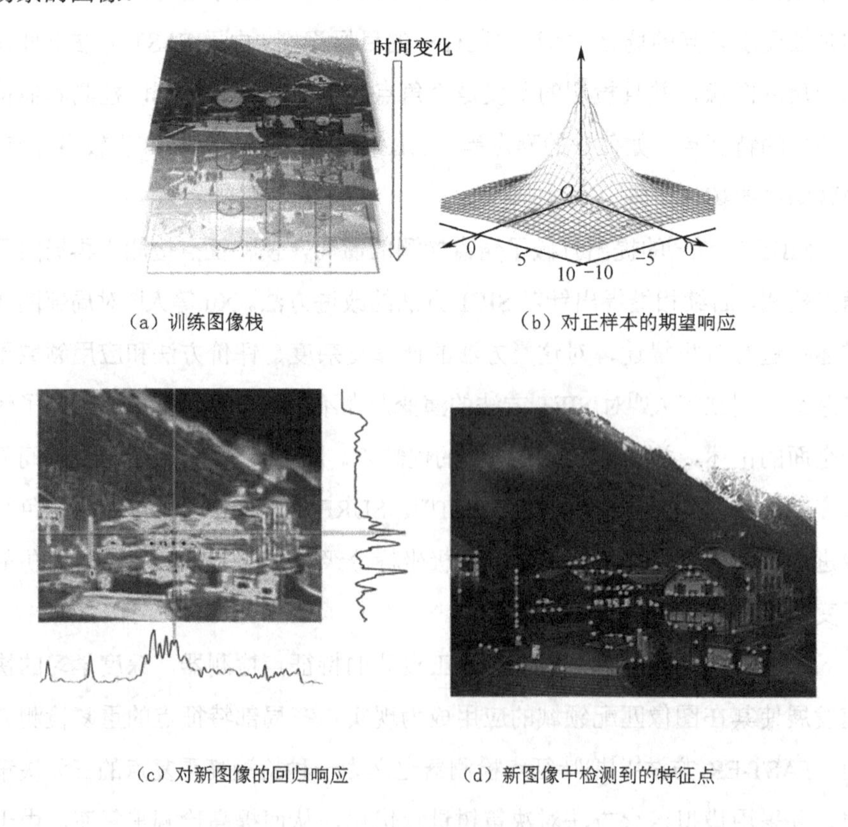

（a）训练图像栈　（b）对正样本的期望响应

（c）对新图像的回归响应　（d）新图像中检测到的特征点

图 1.1　TILDE 像对匹配方法概述

一个良好的局部特征检测器应具备两个特性：①检测可区分的特征；②协变约束，即在不同的变换下重复检测一致特征。而大多数检测器都只考虑其中一个特性，如 TILDE 像对匹配方法采用手动标记的数据作为区分性特征训练。Zhang 等人[17]综合考虑这两个特性，提出基于学习的协变特征检测器。该方法将 TILDE 像对匹配方法的输出作为候选标准图像块，通过变换预测器的训练建立学习框架，将局部特征检测器的协变约束转化为变换预测器的协变约束，以便利用回归（如深度神经网络）进行变换预测。预测的变换有两个重要性质：①变换的逆矩阵能将观察到的图像块映射到“标准块”，“标准块”定义了具有可区分性的图像块及块内“典型特征”（如单位圆）的位置和形状；②将变换应用到“典型特征”可以预测图像块内变换特征的位置和形状。变换预测网络的训练流程如图 1.2 所示，变换矩阵 $\boldsymbol{g}_i$ 应用于标准图像块 $\bar{x}_i$，得到变换图像块 $\boldsymbol{g}_i \times \bar{x}_i$；两个图像块经过变换预测器，分别输出回归量 $\phi(\bar{x}_i)$ 和 $\phi(\boldsymbol{g}_i \circ \bar{x}_i)$；将变换 $\boldsymbol{g}_i$ 应用于 $\phi(\bar{x}_i)$ 得到 $\boldsymbol{g}_i \times \phi(\bar{x}_i)$，并利用矩阵 Frobenius 范数计算协变约束损失。网络参数设置如下：第一层卷积核大小为 5×5，具有 32 个输出通道，其后是 2×2 的最大池化层；第二层卷积核大小为 5×5，具有 128 个输出通道，其后是 2×2 最大池化层；第三层卷积核大小为 3×3，具有 128 个输出通道；第四层卷积核大小为 3×3，具有 256 个输出通道；最后一层卷积核大小为 1×1，其输出通道数量和回归变换的参数数量相同。此外，所有卷积层均使用 ReLU 作为激活函数。该检测器可以应用在图像搜索和场景重建中，但需要一组可靠关键点作为训练输入。

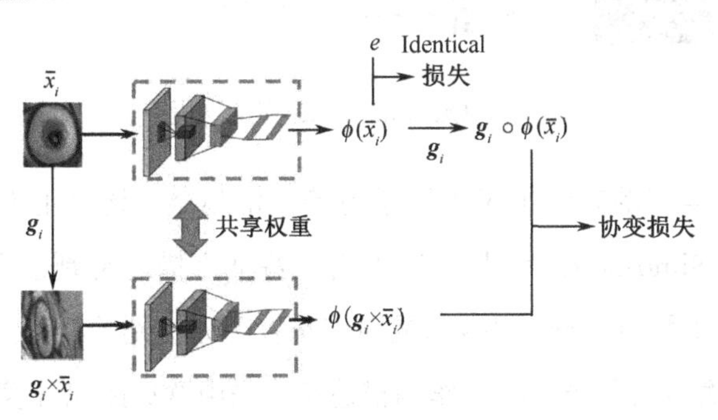

图 1.2　变换预测网络的训练流程

基于监督学习的图像匹配方法以人工设计为基础，如 TILDE 相对匹配方法使用 DOG 收集训练集，这些方法对于跨模态任务（如 RGB/深度模态对）可能不再适用。

Savinov 等人[18]提出 Quad-networks，采用无监督学习方式进行特征点检测。该方法将关键点检测问题转化为图像变换上的关键点一致性排序问题，优化后的排序在不同的变换下具有重复性，其中关键点来自响应函数的顶/底部分位数。Quad-networks 的训练过程如图 1.3 所示，在两幅图像中提取随机旋转像块对（1，3）和（2，4）；每个像块经过神经网络输出一个实值响应 $H(p|\boldsymbol{w})$，其中，p 表示点，$\boldsymbol{w}$ 表示参数矢量；通过四元组的排序一致函数计算铰链损失，并通过梯度下降法优化。该网络对 RGB 图像和深度图像采用不同的层参数，采用元组对层参数表示：$c(f,i,o,p)$ 表示卷积层，其卷积核大小为 $f \times f$，i 为输入通道数，o 为输出通道数，p 表示图像边界的 p 个像素采用零填充。Quad-networks 在 RGB/RGB 模式和 RGB/深度模式的重复检测性能均优于 DOG，可以和基于学习的描述符相结合进行图像匹配，还可用于视频中的兴趣帧检测。

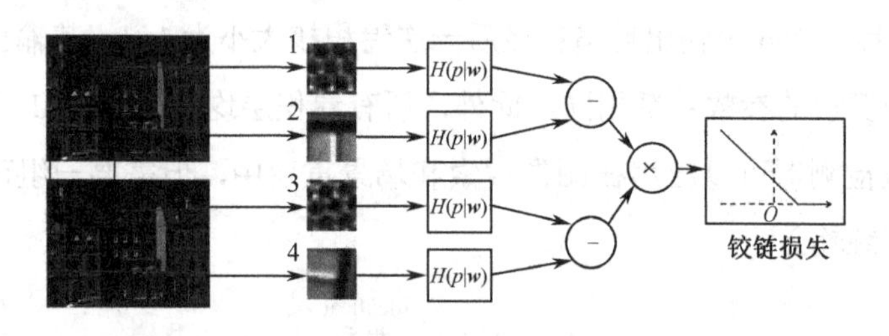

图 1.3　Quad-networks 训练过程

基于深度学习的方法不仅可以学习特征检测器，还可用于对特征描述符进行学习。Simo-Serra 等人[19]提出用于特征点描述符判别学习的 Deep Desc。该方法采用 Siamese 网络侧重训练难以区分类别的样本，输入图像块对，将 CNN 输出的非线性映射作为描述符，采用欧氏距离计算相似性并最小化其铰链损失。该方法适用于不同的数据集和应用，包括宽基线图像匹配、非刚性变形和极端光照变化的情况，但该方法需要大量的训练数据来保证其鲁棒性。

以上基于学习的匹配方法大部分对匹配过程中的某个阶段单独进行操作。Yi 等人[20]提出的 LIFT 结合空间变换网络[21]和 Softargmax 函数，将基于深度学习的特征点检测[16]、基于深度学习的方向估计[22]和基于深度学习的描述符[19]连接成一个统一网络，从而实现完整特征点匹配处理流水线，如图 1.4 所示。其中，图像块的裁剪和旋转通过空间变换网络实现，训练阶段采用四分支 Siamese 体系结构（见图 1.5），输入特征点所在图像块，其位置和方向均来自 SFM 方法的输出，其中 P^1 和 P^2 来自同一个 3D 点在不同视角下的图像，P^3 为不同 3D 点投影的图像块，P^4 为不包含任何特征点的图像块，S 代表得分图，X 代表特征点位置。

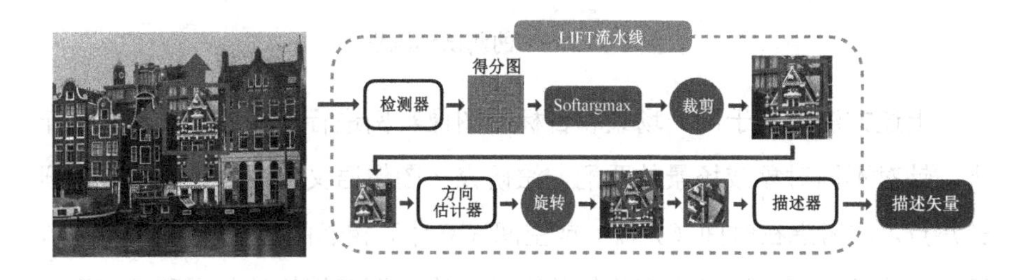

图 1.4 LIFT 集成特征提取流水线

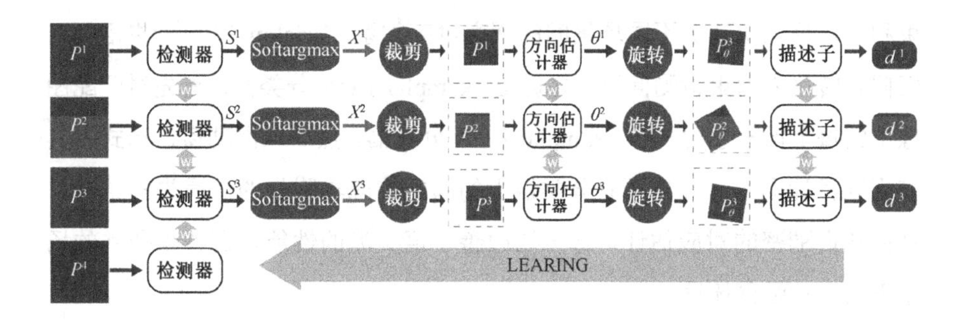

图 1.5 四分支 Siamese 体系结构

采用从后至前的训练策略，即先训练描述子，再训练方向估计，最后训练特征点检测。在测试阶段，将特征点检测与方向估计及描述子分开，使优化问题易于处理。如图 1.6 所示，输入多尺度图像，以滑窗形式进行特征点检测，提取局部块逐个分配方向，再计算描述子。与 SIFT 相比，LIFT 能够提取出更为稠密的特征点，并且对光照和季节变化具有很高的鲁棒性。

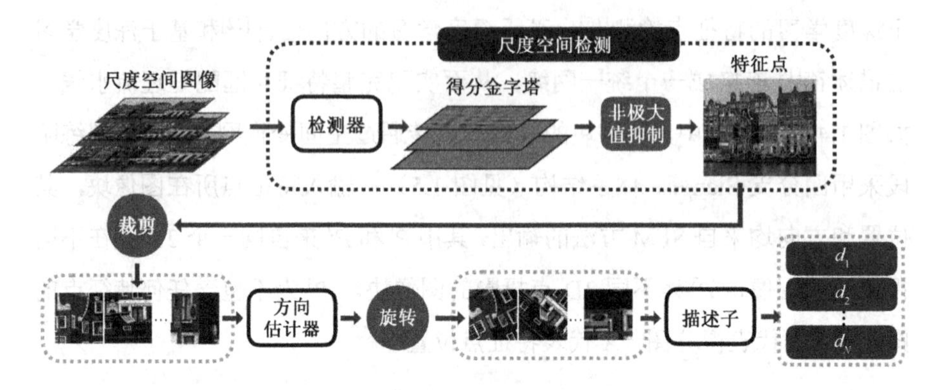

图 1.6　LIFT 的测试体流程

上述方法均基于同一场景和目标的图像实例进行匹配方法研究，近年来，针对不同对象或场景的匹配方法研究（图像语义匹配）正逐步成为研究热点。与考虑在时间（光流）或空间（立体）相邻的图像特征对应不同，语义对应的特征是图像具有相似的高层结构，而其精确的外观和几何形状可能不同。经典 SIFT 流方法[23]提出不同场景的稠密对应概念，通过平滑约束和小位移先验计算不同场景间的稠密对应关系。Bristow 等人[24]将语义对应问题转化为约束检测问题，并提出 examplar-LDA 分类器。首先对匹配图像中的每个像素学习一个 examplar-LDA 分类器，然后以滑动窗口形式将其应用到目标图像，并将所有分类器上的匹配响应与附加的平滑先验结合，从而获得稠密的对应估计。该方法改善了语义流的性能，在背景杂乱的场景下具有较强鲁棒性。

上述两种方法将流概念推广到仅在语义上相关的图像对，都对属于相同对象类的像对进行匹配，而对属于不同对象类别的图像则不再适用。Novotny 等人[25]提出基于几何敏感特征的弱监督学习方法 AnchorNet。在只有图像级标签的监督下，AnchorNet 依赖一组从残差超列 HC（Hypercolumn）

中提取具有正交响应的多样过滤器，该过滤器在同一类别的不同实例或两个相似类别之间具有几何一致性。AnchorNet 通过在 ILSVRC12 上预先训练的 ResNet 50 模型初始化网络参数，并采用两阶段优化与加速训练完成匹配，如图 1.7 所示。第一阶段学习具有可区分性和多样性的类特定特征。输入图像经过 ResNet 网络后，对 Res2c、Res4c 和 Res5c 层的矫正输出进行升采样和级联，到 56×56×768 的 HC 张量，级联之前的 PCA 用于压缩每层提取的描述符至 256 维，L_2 归一化用于能量平衡；可区分性损失 L_{Discr} 通过全局最大池标识每个过滤器的最强响应，$L_{\text{Discr}}^{\text{aux}}$ 通过全局平均池抑制负样本图像的响应；多样性损失 L_{Div}^{A} 和 L_{Div}^{B} 可以增强滤波器的正交响应。第二阶段学习类无关（Class-agnostic Features）特征，采用自动编码器对第一阶段获得的特征进行压缩，使得在类间可以共享这些特征，并最小化重建损失。AnchorNet 提高了跨类语义匹配的性能。

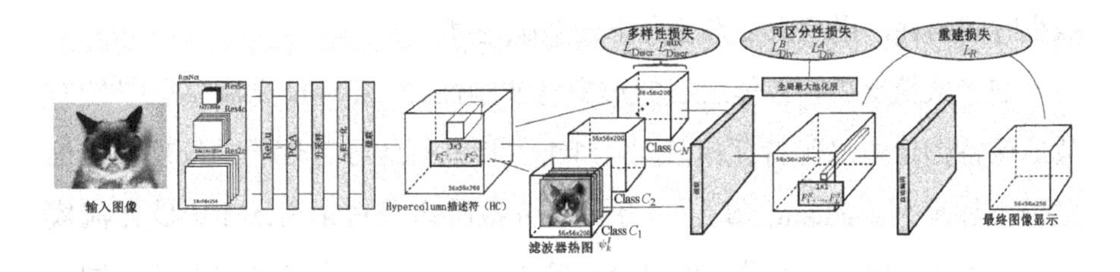

图 1.7　AnchorNet 架构

对语义匹配的研究不仅可以在像对上进行操作，还可以扩展到多幅图像中。多图像语义匹配可以找到多个图像间的一致对应关系，从而在应用中发挥更为重要的作用，如对象类模型重建[26]和自动地标注[27]。Wang 等人[28]将多图像间的语义匹配问题转化为特征选择与标注问题，即从每幅图像的初始候选集中选择一组稀疏特征点，通过分配标签建立它们在图像间的对应关系。该方法可以为满足循环一致性和几何一致性的图像集合建立可靠的特征对应关系，其中循环一致性可以对图像集中的可重复特征进行选择和匹配。低秩约束用于确保特征对应的几何一致性，并可同时对循环一致性和几何一致性进行优化。该方法具有高度可扩展性，可以对数千幅图像进行匹配，适用于在不使用任何注释的情况下重构对象类模型。

图像匹配在医学图像分析、卫星影像处理、遥感图像处理、计算机视觉等领域有着广泛应用。医学图像匹配对临床的精确诊疗具有重要意义，很多病变都会诱发器官组织的变形，或者由器官变形所诱发，例如，大脑皮层的萎缩退化诱发老年失智，各种肿瘤会在器官表面形成凸起，骨质流失会引起骨骼的变形。因此，医生可以通过精确比对器官的几何形状，来判断脏器是否存在病变；通过分析肿瘤的几何特征，来判断肿瘤是否为恶性。Yu 等人[29]提出 A-NSIFT 与 PO-GMMREG 相结合的方法，改进了特征提取和匹配过程。A-NSIFT 为加速版 NSIFT，采用 CUDA 编程加速 NSIFT 的前两个步骤，用于提取匹配图像和待匹配图像中的特征点（仅保留位置信息）。PO-GMMREG 是基于并行优化的高斯混合模型（GMM）匹配方法，并行优化使得匹配图像和待匹配图像可以任意旋转角度对齐。该方法可以减少时间消耗，提高大姿态差异下的匹配精度。

在多数情况下，人体组织的形变是非刚性的。$TV\text{-}L^1$ 光流模型[30]能有效地保持图像边缘等特征信息，但对于保持具有弱导数性质的纹理细节信息仍不够理想。Zhang 等人[31]将 G-L 分数阶微分理论引入 $TV\text{-}L^1$ 光流模型，代替其中的一阶微分，提出分数阶 $TV\text{-}L^1$ 光流模型 $FTV\text{-}L^1$ 模型。同时给出匹配精度和 G-L 分数阶模板参数之间的关系，为最佳模板选取提供依据。$FTV\text{-}L^1$ 模型通过全变分能量方程的对偶形式进行极小化以获得位移场，可以解决图像灰度均匀、弱纹理区域匹配结果中的信息模糊问题。该方法能有效提高图像匹配精度，适合于包含较多弱纹理和弱边缘信息的医学图像匹配。为了解决待匹配像对中目标的大形变和灰度分布呈各向异性问题，Lu 等人[32]将两幅图像的联合 Renyi α-entropy 引入多维特征度量并结合全局和局部特征，从而实现非刚性匹配。首先，采用最小距离树构造联合 Renyi α-entropy 度量准则；其次，根据该度量相对形变模型 FFD 的梯度解析表达式，采用随机梯度下降法进行优化；最后，将图像的 Canny 特征和梯度方向特征融入度量中，实现全局和局部特征的结合。该方法的匹配精度与传统互信息法和互相关系数法相比有明显提高，并且该度量方法能克服因图像局部灰度分布不一致造成的影响，能够在一定程度上减少误匹配。

Yang 等人[33]提出的 FMLND 方法采用基于学习的局部非线性描述符 LND 进行特征匹配，对来自 T1w 和 T2w 两种不同成像参数的 MRI 数据 CT 图像进行预测，预测流程如图 1.8 所示。该过程分为两个阶段：学习非线性描述符和预测 pCT 图像。第一阶段，首先采用稠密 SIFT 提取 MR 图像的特征；其次通过显式特征映射将其投影到高维空间并与原始块强度结合，作为初始非线性描述符；最后在基于改进的描述符学习（SDL）框架中学习包含监督的 CT 信息的局部描述符。第二阶段，在训练 MR 图像的约束空间内搜索输入 MR 图像的局部描述符的 K 最近邻域，和对应的原始 CT 块进行

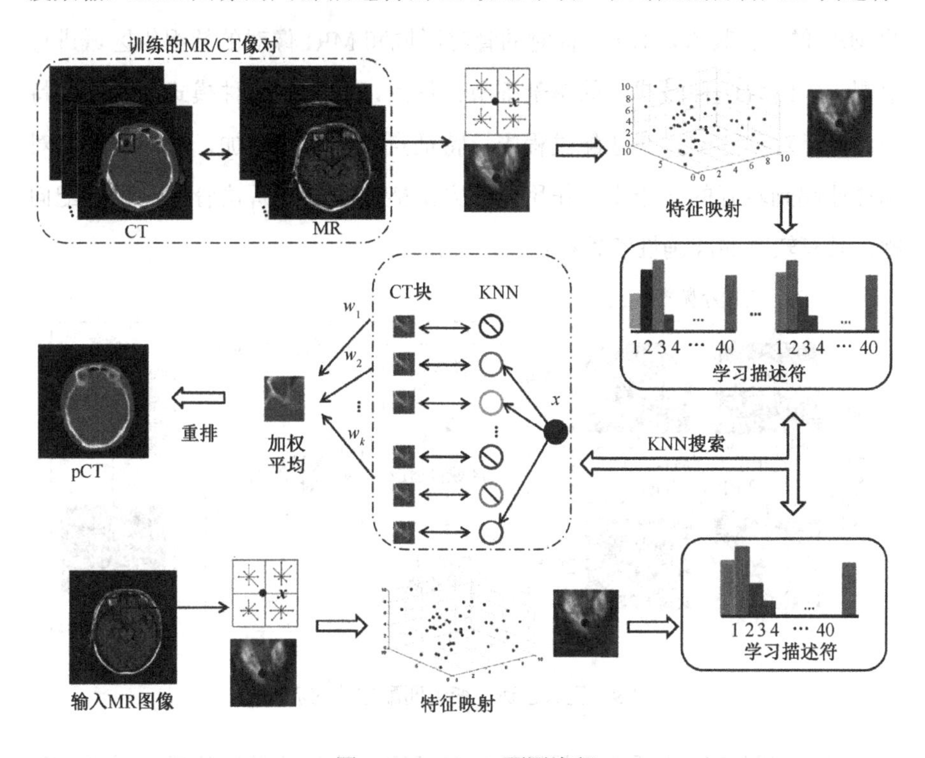

图 1.8　FMLND 预测流程

映射，对重叠的 CT 块进行加权平均处理得到最终的 pCT 块。与仅使用成像参数 T1w 或 T2w 的 MR 图像方法相比，FMLND 方法提高了预测的准确率。

对骨盆 CT 和 MRI 匹配可以促进前列腺癌放射治疗两种方式的有效融合。由于骨盆器官的模态外观间隙较大，形状/外观变化程度高，导致匹配困难。基于此，Cao 等人[34]提出基于双向图像合成的区域自适应变形匹配方法，用于多模态骨盆图像的匹配，双向图像合成，即从 MRI 合成 CT 并从 CT 合成 MRI。多目标回归森林 MT-RF 采用 CT 模式和 MRI 模式对双向图像合成进行联合监督学习，消除模态之间的外观差异，同时保留丰富的解剖细节，匹配流程如图 1.9 所示。首先，通过 MT-RF 合成双向图像，获得实际CT和合成CT（S-CT）的CT像对，以及实际MRI和合成MRI（S-MRI）的 MRI 像对；其次，对 CT 像对的骨骼区域和 MRI 像对的软组织区域进行检测，以结合两种模式中的解剖细节；最后，利用从两种模式中选择的特征点进行对称匹配。在匹配过程中，特征点数量逐渐增加，对形变场的对称估计起到较好的分级指导作用。该方法能够较好地解决骨盆图像匹配问题，具有较高的准确性和鲁棒性。

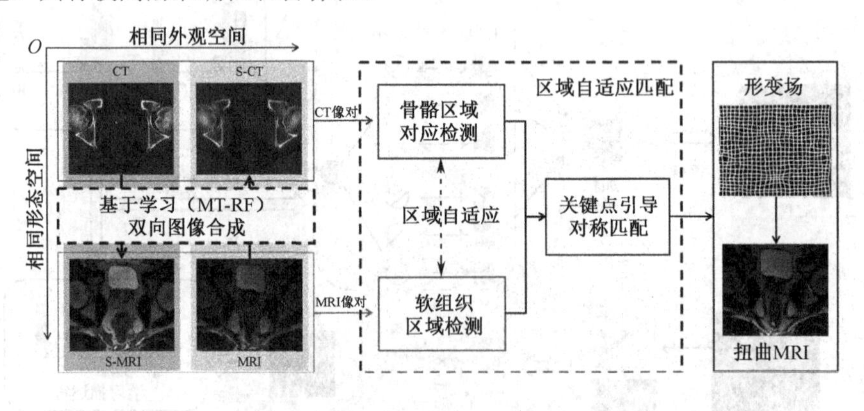

图 1.9　区域自适应变形匹配方法的流程

在遥感图像处理领域，基于特征的匹配仍然是该领域的研究重点。随着遥感图像分辨率的提高，对图像匹配性能提出更高要求，适用于低分辨率图像的匹配方法可能不再适用。为此，何梦梦等人[35]对细节纹理信息丰富的高分辨率光学及 SAR 遥感图像进行分析，提出一种特征级高分辨率遥感图像快速自动匹配方法。该方法首先对匹配图像和待匹配图像进行 Harr 小波变换，将其变换到低频近似图像再进行后续处理，以提高图像匹配速度；接着对光学图像和 SAR 图像分别采用 Canny 算子和 ROA 算子进行边缘特征提取，并将边缘线特征转换成点特征；然后通过匹配图像和待匹配图像中每对特征点之间的最小和次小角度之比确定初始匹配点对，并通过对 RANSAC 方法添加约束条件来滤除错误匹配点对；最后采用分块均匀提取匹配点对的方法，进一步提高匹配精度。该方法能快速实现图像匹配，并具有较高的配准精度和较高的鲁棒性。

受光照、成像角度、几何变换等影响，每种匹配方法都不能保证百分之百正确，为了提高匹配正确率需要对误匹配点（外点）进行剔除。Fischler 等人[36]提出 RANSAC 方法，采用迭代方式从包含离群数据的数据集中估算出数学模型。进行匹配点对的提纯步骤为：①从已匹配的特征点对数据集中随机抽取四对不共线的点，计算单应性矩阵 $\boldsymbol{H}$，记作模型 M；②设定一个阈值 t，若数据集中特征点与模型 M 之间的投影误差小于 t，就把该点加入内点集，重复以上步骤，迭代结束后对应内点数量最多的情况即为最优匹配。RANSAC 方法对误匹配点的剔除依赖单应性矩阵的计算，存在计算量大、效率低等问题。针对这些问题，文献[37]通过引入针对内点和外点的混合概率模型实现了参数模型的最大似然估计。文献[38]使用支持矢量回归学习的对应函数，该函数将一幅图像中的点映射到另一幅图像中的对应点，再通过检验它们是否与对应函数一致来剔除异常值。此外，还可将点对应关系通过图像匹配进行描述[39-40]。

为了在不依赖 RANSAC 的情况下恢复大量内点，Lin 等人[41]提出 BF（Bilateral Functions）方法，从含有噪声的匹配中计算全局匹配的一致函数，进而分离内点与外点。BF 方法从一组初始匹配结果开始，利用每个匹配定义的局部仿射变换矩阵计算两幅图像之间的仿射运动场。在给定运动场的情况下，BF 方法为每个特征在描述符空间寻找最近邻匹配以恢复更多对应关系。与 RANSAC 相比，双边运动模型具备更高的查全率和查准率。

受 BF 方法启发，Bian 等人[42]将运动平滑度作为统计量提出 GMS 方法，根据最近邻匹配数量区分正确匹配和错误匹配点对。GMS 方法的核心为运动统计模型，如图 1.10 所示。其中，s_i 和 s_j 分别表示正确匹配 x_i 和错误匹配 x_j 的运动统计，为了加速这一过程，将整幅图像划分成 $G = 20\times20$ 的网格，在网格中进行操作，如图 1.11 所示。网格对 i 和 j 的匹配正确与否可以通过计数其邻域内九个网格对的匹配数量来判断。若该数量大于给定阈值，则认为网格对 i 和 j 内所有匹配都是正确的。GMS 方法提供了一种实时、高鲁棒性的特征匹配方法。在评估低质量、模糊的视频和广泛基线时，GMS 方法要优于其他实时匹配器。由于 GMS 方法在进行网格划分时，并未考虑图像大小，对于长宽比例不一致的图像，会生成矩形的网格，导致网格中特征分布不均。基于此，文献[43]通过计算五宫格特征分数剔除外点，并将图像大小作为约束对图像进行方形网格划分，能够提高运算速度的同时获得与 GMS 方法相同的匹配精度。

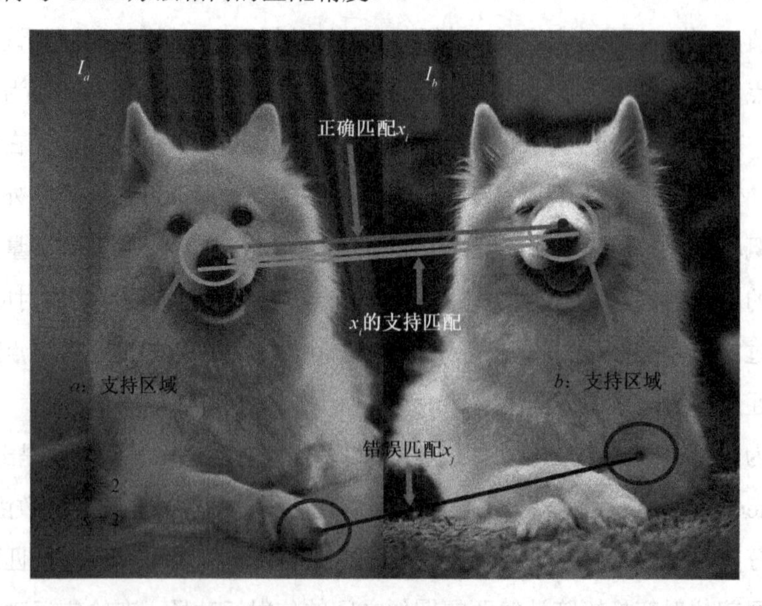

图 1.10　运动统计模型

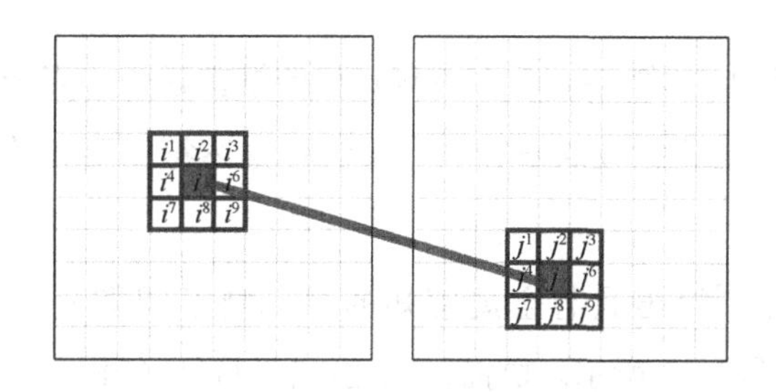

图 1.11 网格$\{i, j\}$周围的九个区域

RANSAC 适用于几何约束为参数的情况，如要求相应点位于极线上，该方法受限于几何约束为非参数的情况。为此，Ma 等人[44]提出 VFC（Vector Field Consensus）方法，利用矢量场的光滑先验，从带有外点的样本中寻找矢量场的鲁棒估计。矢量场的光滑性由再生核希尔伯特空间（RKHS）[45]范数表征，VFC 方法基于这一先验理论，使用贝叶斯模型的最大后验（MAP）计算匹配是否正确，并使用 EM 方法将后验概率最大化。VFC 方法的适用范围：①误匹配比例高时（遥感图像、红外图像和异质图像）；②无法提供变换模型时（如非刚性变形、相机参数未知）；③需要一个快速匹配方法且不需要求解变换参数的时候。该方法也有一定的局限性：①当需要求解几何变换时，只能作为一种预处理方式；②当正确匹配数量很少时，效果不理想；③当图像中运动目标过大时，只能发现一组匹配。

上述方法都是对二维图像进行处理，随着三维成像技术的发展，三维模型已经深入生活的各个方面。与二维图像相比，三维图像不但能借助第三个维度的信息实现天然的物体—背景解耦，而且其三维特征对不同的测量方式具有更好的统一性。三维图像常用的表现形式包括深度图（以灰度表达物体与相机的距离）、几何模型（由 CAD 软件建立）、点云模型（所有逆向工程设备都将物体采样成点云）。在三维点匹配方法中常见的是基于点云模型的方法和基于深度模型的方法。在点云模型中的每个点对应一个测量点，包含了最大的信息量。PointNet[46]可以直接将三维点云作为输入，其改进版 PointNet++[47]能更好地提取局部信息。三维局部描述符在三维视觉中发挥重要作用，是解决对应估计、匹配、目标检测和形状检索等的前提，广泛应用在机器人技术、导航（SVM）和场景重建中。点云匹配中的三维几何描述符一直是该领域的研究热点，这种描述符主要依赖三维局部几何信息。

Deng 等人[48]提出具有全局感知的局部特征提取网络——PPFNet。PPFNet 结构如图 1.12 所示。块描述 F_r 由点对特征（PPF）集合、局部邻域内的点及法线构成。首先，采用 PointNet 处理每个区域块，得到局部特征；其次，通过最大池化层将各个块的局部特征聚合为全局特征，将截然不同的局部信息汇总到整个片段的全局背景中；最后，将该全局特征连接到每个局部特征，使用一组 MLP 进一步将全局和局部特征融合到最终全局背景感知的局部描述符中。

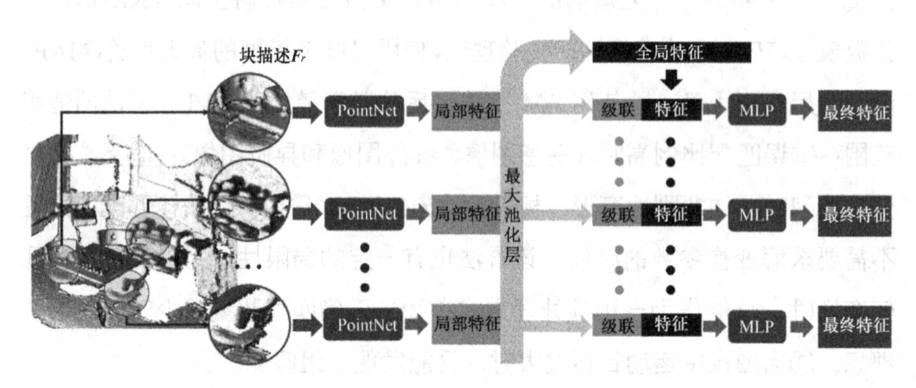

图 1.12　PPFNet 架构

在进行描述符相似性度量时，提出 N 元组损失函数，这是一种 N 对 N 的对比损失（Contrasive Loss），如图 1.13 所示。其中，实线连接相似的点对，虚线连接非相似的点对，N 元组可以把相似点对拉近，把不相似点对拉远。PPFNet 在几何空间上学习局部描述符，具有排列不变性，并且能充分利用原始点云的稀疏性，提高了召回率，对点云的密度变化有更高的鲁棒性。但其内存使用空间与块数的 2 次方成正比，限制了块的数量，目前只能设置为 2000。

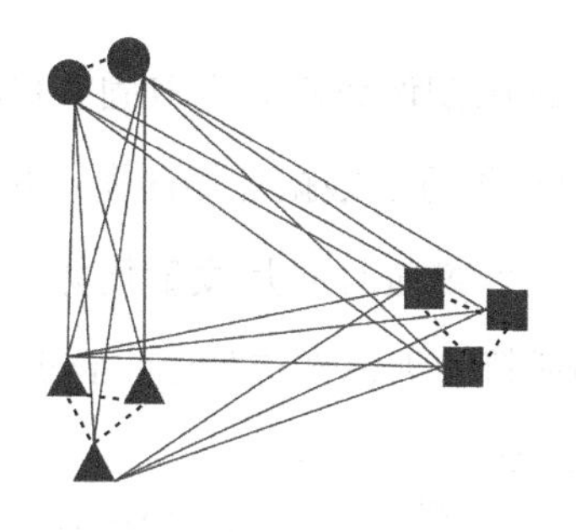

图 1.13　*N* 元组结构

在基于深度模型的匹配方法中，Zhou 等人[49]基于多视图融合技术 Fuseption-ResNet（FRN），提出多视图描述符 MVDesc。FRN 能将多视图特征映射集成到单视图上表示，如图 1.14 所示。其中，视图池化（View Pooling）用于快捷连接，Fuseption 分支负责学习残差映射，两个分支在精度和收敛率方面互相加强。采用 3×3、1×3 和 3×1 共三种不同内核尺寸的轻量级空间滤波器提取不同类型的特征，并采用上述级联特征映射的 1×1 卷积负责跨通道统计量的合并与降维。将 FRN 置于多个并行特征网络之上，并建立 MVDesc 的学习网络，其中卷积 6 的通道数与特征网络输出的特征映射通道数相同。

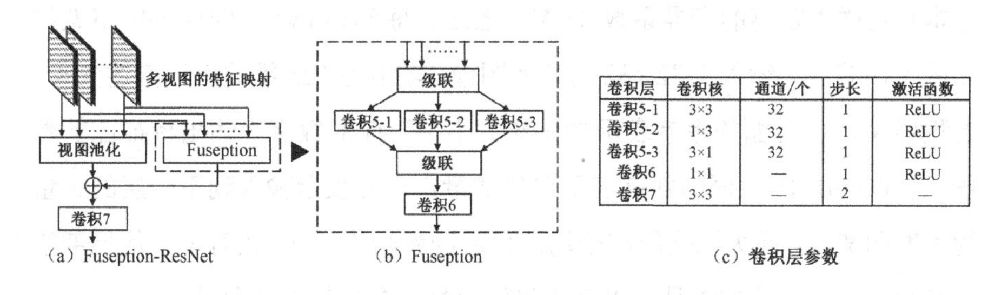

卷积层	卷积核	通道/个	步长	激活函数
卷积5-1	3×3	32	1	ReLU
卷积5-2	1×3	32	1	ReLU
卷积5-3	3×1	32	1	ReLU
卷积6	1×1	—	1	ReLU
卷积7	3×3	—	2	—

（c）卷积层参数

图 1.14　Fuseption-ResNet 结构

在进行特征点匹配时，采用基于图模型的三维误匹配点剔除方法 RMBP。该模型可以描述匹配对之间的相邻关系，并通过置信传播对每个匹配对进行推断验证，从而提高三维点匹配的准确性和鲁棒性。

三维曲面点局部描述符的设计是计算机视觉和计算机图像学共同关注

的焦点。与大多依赖多视图图像或需要提取固有形状特征的卷积神经网络不同，Wang 等人[50]提出一种可以根据三维曲面形状生成局部描述符的网络框架。该方法将关键点的邻域进行多尺度量化并参数化为二维网格，将其称为几何图像。局部描述符的训练架构如图 1.15 所示。

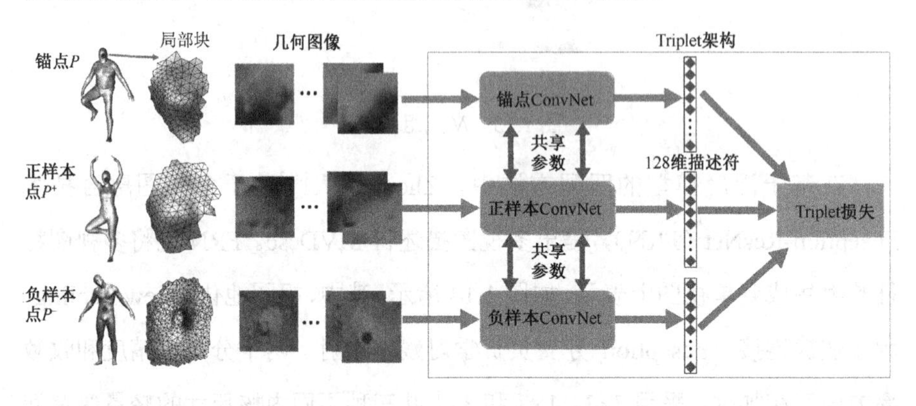

图 1.15　局部描述符训练架构

首先，提取曲面上关键点邻域的多尺度局部块，根据这些块构造一组几何图像；其次，将这些块输入 Triplet 网络，每个网络分支采用 ConvNet 训练；最后，输出 128 维描述符，并采用 Min-CV Triplet 损失函数最小化锚样本和正样本距离的变异系数（CV）之比。每个 ConvNet 的详细网络架构如图 1.16 所示，输入为32×32 的几何图像，输出为 128 维的特征描述矢量。卷积层 Conv 上面的数字表示卷积核大小，下面的数字为输出特征图的数量，全连接层 fc 上面的数字表示单位数量，尺寸表示输入到下一层的张量的长度和宽度，最大池化层和平均池化层的步长均为 2。相对于其他局部描述符学习方法，该方法具有更高的可区分性、鲁棒性及泛化能力。

Georgakis 等人[51]提出用于特征点检测和描述符学习的端到端框架。该框架基于 Siamese 体系结构，每个分支都是一个改进的 Faster R-CNN[52]。如图 1.17 所示，采用 VGG-16 的卷积层 Conv5_3 提取深度图 I 的深度卷积特征，一方面经过 RPN（Region Propose Network）处理，产生特征点的候选区域及分数 S；另一方面输入到 RoI（Region of Interest）池化层，经过全连接层将特征点候选区域映射到对应卷积特征 f 上。采样层以候选区域的质心 x、卷积特征 f、深度图像值 D、相机姿态信息 g 和相机内在参数作为输入，动态生成局部块对应标签（正或负），并采用对比损失函数 L_{contr} 最小化正样本对间的特征距离，最大化负样本对间的特征距离，该方法对视角变化具有一定的鲁棒性。

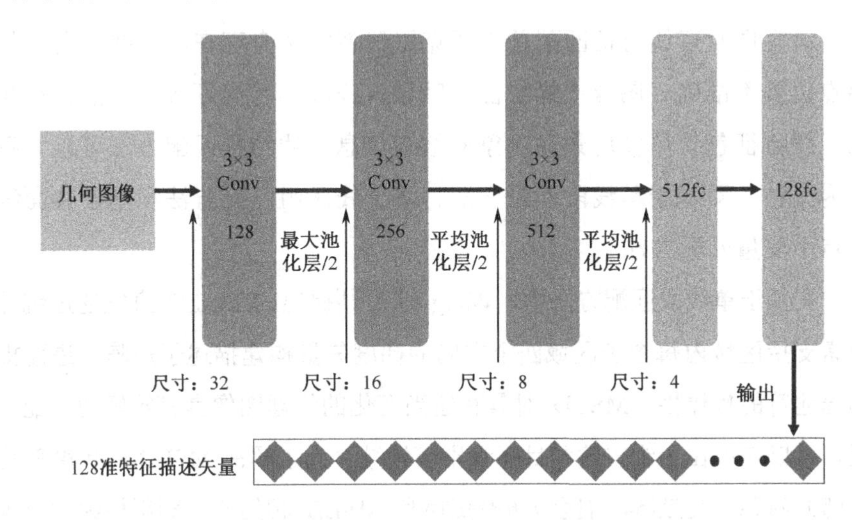

图 1.16　各 ConvNet 的详细网络架构

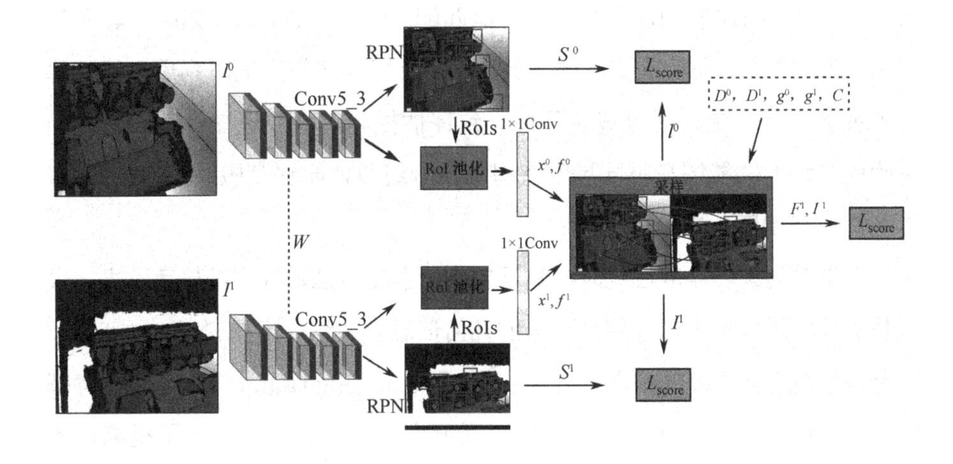

图 1.17　Siamese 体系结构

1.2 像对直线特征匹配方法

研究像对直线特征匹配首先要克服线特征本身存在的一些问题，如端点位置不准确、图像边缘特征不明显、线段碎片问题等，与点特征相比，线特征包含更多场景和对象的结构信息。线特征匹配方法可以大致分为三种，即基于单线段匹配方法、基于线段组匹配方法和基于共面线—点不变量匹配方法。

在基于单线段匹配方法中，Wang 等人[53]提出的 MSLD 直线通过统计像素支持区域内每个子区域四个方向的梯度矢量构建描述子矩阵，进而提高描述符的鲁棒性。MSLD 对具有适当变化的纹理图像具有较好的匹配效果，可以应用在三维重建和目标识别等领域。为了解决 MSLD 对尺度变化敏感的问题，文献[54]将区域仿射变换和 MSLD 相结合，利用核线约束确定匹配图像对应的同名支持域，并对该支持域进行仿射变换以统一该区域大小，实现不同尺度图像上直线的可靠匹配。与 MSLD 相似，Zhang 等人[55]提出 LBD 方法，在线支持区域（LSR）中计算描述符，同时利用直线的局部外观和几何特性，通过成对几何一致评估提高对低纹理图像直线匹配的精确度。该方法能够在不同尺度空间中检测线段，能够克服线段碎片问题，提高抗大尺度变化的鲁棒性。

当像对间旋转角度过大时，基于单线段匹配方法的匹配准确率不高，采用基于线段组匹配方法并通过更多的几何信息解决这一问题。Wang 等人[56]基于线段局部聚类的方式提出半局部特征（Line Signature，LS），用于宽基线像对匹配，并采用多尺度方案提高尺度变化下的鲁棒性。为了提高在光照不受控制情况下对低纹理图像的匹配准确率，López 等人[57]将直线的几何特性及线邻域结构相结合，提出双视图（Two-view）直线匹配方法 CA。首先，对线特征进行检测：①在高斯尺度空间利用基于相位的边缘检测器提取特征；②根据连续性准则将边缘特征局部区域近似为线段；③在尺度空间进行线段融合。其次，该方法中的相位一致性对于图像亮度和对比度具有较高不变性，线段融合可以减少重叠线段及线段碎片出现。最后，线特征匹配采用迭代方式进行，通过不同直线邻域的局部结构信息来增强每次迭代的匹配线集，该方法适用于低纹理图像中线特征的检测与匹配。

基于线段组匹配方法对线段端点有高度依赖性，图像变换及部分遮挡可能导致端点位置不准确，进而影响匹配效果。Fan 等人[58-59]利用线及其邻域点的局部几何信息构造共面线—点不变量（LP）用于线匹配。LP 包括："一线+两点"构成的仿射不变量和"一线+四点"构成的投影不变量。该投影不变量和"两线+两点"构成的投影不变量[60]相比，可以直接用于线匹配而不需要复杂的组合优化。根据直线的梯度方向，将线邻域分为左邻域和右邻域（线梯度方向），以获得左、右邻域内与线共面的匹配点，在进行线相似性度量时，取左、右邻域相似性的最大值。该方法对误匹配点和图像变换具有鲁棒性，但高度依赖于匹配关键点的准确性。为此，Jia 等人[61]基于特征数 CN[62]提出一种新的共面线—点投影不变量。CN 对交叉比进行扩展，采用线上点和线外点描述基础几何结构。通过"五点"构造线—点不变量，其中，两点位于直线上，三点位于直线同一侧但不共线，如图 1.18 所示。点 KP_l^1、KP_l^2、P_1、P_2、P_3 用于构造该不变量，通过两点连线可以获得其他特征点。

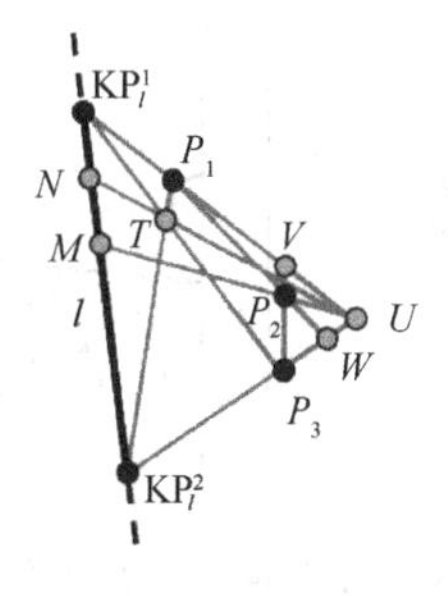

图 1.18　线—点不变量的构造

在计算直线邻域相似性时，把线邻域按照线梯度方向分为左邻域和右邻域（梯度方向），根据线一点不变量分别计算左、右邻域的相似性。这种相似性度量方法受匹配特征点的影响较小。该方法对于低纹理和宽基线图像的线匹配效果要优于其他线匹配方法，对于很多图像失真也有较好鲁棒性。由于该线一点不变量是共面的，因此对于非平面场景图像的处理具有局限性。

在对航空影像进行线匹配时，线特征经常会出现遮挡、变形及断裂等情况，使得基于形态的全局描述符不再适用。基于此，欧阳欢等人[63]联合点特征匹配优势，通过对线特征进行离散化描述并结合同名点约束实现航空影像线特征匹配。线特征离散化，即将线看作离散点，通过统计线上同名点的分布情况来确定线特征的初匹配结果，并利用点线之间的距离关系对匹配结果进行核验。同名点约束包括单应性约束和核线约束，单应性约束实现线特征之间的位置约束，核线约束将匹配搜索空间从二维降至一维。线上离散点的匹配约束如图 1.19 所示，I_L为目标影像；l_1为目标线特征；p为其上一点；I_R为待匹配影像；线 E 代表 p 所对应核线；p' 为 p 由单应性矩阵映射得到的对应点；虚线圆为单应性矩阵的约束范围；l_1'、l_2'、l_3' 是由约束确定的候选线特征；点 p_1、p_2、p_3 为 p 的候选同名点。该方法匹配正确率高，匹配速度相对较快，可实现断裂线特征的多对多匹配，但匹配可靠性仍受到点特征匹配的影响，对于难以获得初始同名点的区域，其适用性不高。

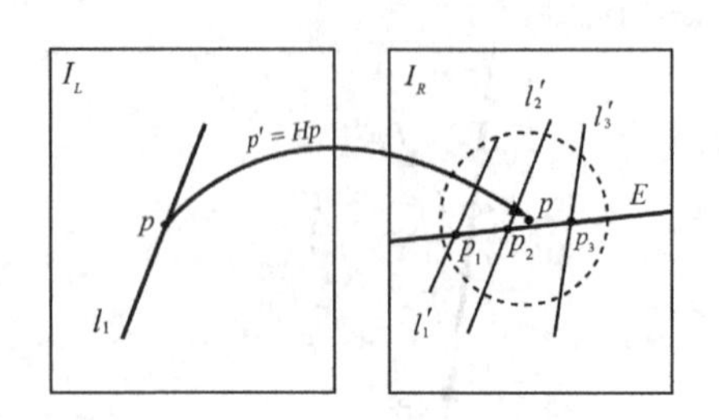

图 1.19　线上离散点的匹配约束

1.3　像对区域特征匹配方法

区域特征具有较高的不变性与稳定性，在多数图像中可以重复检测，与其他检测器具有一定互补性，被广泛应用于识别、图像检索、图像拼接、三维重建、机器人导航等领域。Matas 等人[64]于 2002 年提出 MSER，采用分水岭方法通过对灰度图像取不同阈值分割得到一组二值图，再分析相邻二值图的连通区域获得稳定区域特征。经典 MSER 方法具有较高的时间复杂度。Nistér 等人[65]基于改进的分水岭技术提出一种线性计算 MSER 的方法，该方法基于像素的不同计算顺序，获得与图像中存在灰度级数量相同的像素分量信息，并通过组件树表示对应灰度级。MSER 这类方法可用于图像斑点区域检测及文本定位，也可与其他检测器结合使用。例如，文献[66]将 SURF 和 MSER 及颜色特征相结合用于图像检索，文献[67]将 MSER 与 SIFT 结合用于特征检测。

区域特征检测还可利用计算机技术中的树理论进行稳定特征提取，Xu 等人[68]提出一种基于该理论的拓扑方法 TBMR。该方法以 Morse 理论为基础定义临界点：最大值点、最小值点和鞍点，分别对应最大树叶子节点、最小树叶子节点和分叉节点。TBMR 区域对应树中具有唯一子节点和至少拥有一个兄弟节点的节点。如图 1.20 所示，节点 A 和节点 C 代表最小值区域；节点 H 和节点 E 代表最大值区域；节点 $A\cup B\cup C\cup D\cup G$ 和节点 $E\cup F\cup G\cup H$ 表示鞍点区域；节点 $A\cup B$ 、节点 $C\cup D$ 、节点 $E\cup F$ 为所求 TBMR 区域。该方法仅依赖于拓扑信息，完全继承形状空间不变性，对视角变化具有鲁棒性，计算速度快，与 MSER 具有相同复杂度，常用于图像配准和三维重建。

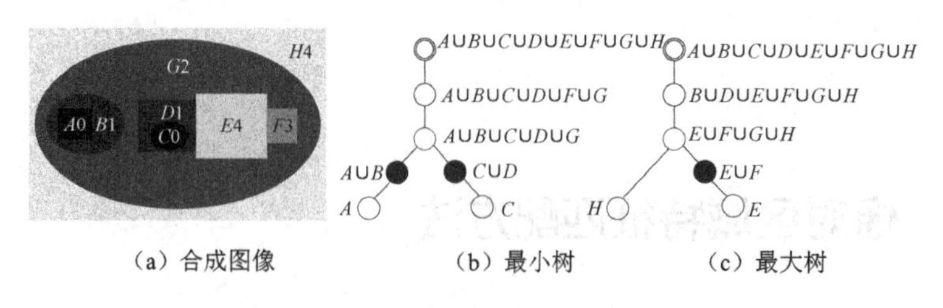

（a）合成图像　　（b）最小树　　（c）最大树

图 1.20　构造的最小树和最大树

模板匹配是指给定一个模板（通常是一块小图像区域），在目标图像中寻找与模板对应区域的方法，被广泛应用于目标跟踪、检测及图像拼接等领域。Korman 等人[69]提出可以处理任意仿射变换的模板匹配方法 FAST-Match，该方法首先将彩色图像灰度化，再构建仿射变换集合，并遍历所有可能的仿射变换，最后计算模板与变换后区域之间绝对差值的和 SAD，求取最小值作为最佳匹配位置。该方法能够找到全局最优匹配位置，但在对彩色图像匹配时，需要预先转换成灰度图像，而这一过程损失了彩色空间信息，降低了图像匹配的准确率。Jia 等人[70]将灰度空间的 SAD 拓展到 RGB 空间形成 CSAD，提出适合彩色图像的模板匹配方法 CFAST-Match。该方法通过矢量密度聚类方法计算每个像素点的所属类别，并统计同类像素个数及 RGB 各通道的累计值，以此求解每个分类的矢量中心，将矢量中心作为 CSAD 的判定条件，将同类像素个数的倒数作为分值系数，以此建立新的相似性度量机制。该方法对存在明显色差的区域具有较高匹配精度，但部分参数依据经验设置，并且不适合处理大尺寸图像。为了解决这一问题，文献[71]提出一种基于分值图的模板匹配方法。该方法依据彩色图像的多通道特征，采用抽样矢量归一化互相关方法 SV-NCC 度量两幅图像间的区域一致性，以降低光照和噪声影响。首先，根据颜色特征在矢量空间进行图像的分块聚类，计算每个区域类的中心颜色值。其次，根据 SV-NCC 统计模板图像中的每个中心颜色值在目标图像中的相似数量，并把该数量倒数作为度量值构建分值图，分值越高表明颜色或颜色组合在目标图像中的相似概率越小，应作为最佳模板区域。最后，根据分值图对模板区域进行排序，选择高分值区域作为最终的模板选择区域。该匹配结果可作为影像融合、超分辨率重建及三维重建等技术中的先期处理步骤，并且随着摄影宽基线的增加依然可以保持较高的匹配正确率。

模板和目标图像子窗口间的相似性度量是模板匹配的主要部分，常采用逐像素比较的计算方式，如上述方法采用的 SAD、CSAD 和 SV-NCC，此外还有平方差与 SSD 等。这些方法在图像背景杂乱或发生复杂形变的情况下不再适用。Dekel 等人[72-73]基于模板与目标图像间的最近邻（NN）匹配属性提出一种新的 BBS（Best-Buddies Similarity）度量方法，采用不同图像特征（如颜色、深度）通过滑动窗口方式统计模板点与目标点互为 NN 的匹配数量，并将匹配数量最多的窗口视为最终匹配位置。但该方法在发生剧烈非刚性形变，或处于大面积遮挡及非均匀光照等环境下匹配鲁棒性差。文献[74]利用曼哈顿距离代替 BBS 方法中的欧氏距离，并对生成的置信图进行阈值筛选和滤波，能够较好地解决光照不均匀、模板中外点较多与旋转变形等多种复杂条件下的匹配问题。

采用双向 NN 匹配导致 BBS 方法的计算时间较长，Talmi 等人[75]提出基于单向 NN 匹配的 DDIS（Deformable Diversity Similarity）方法。首先，计算目标图像窗口点在模板中的 NN 匹配点，并统计对应同一匹配点的数量，计算像素点的置信度。其次，采用欧氏距离计算目标点和对应 NN 匹配点间的距离。最后，结合度量模板和目标图像窗口间的相似性获得匹配结果。尽管 DDIS 降低了方法复杂度并提高了检测精度，但当形变程度较大时依然会影响匹配效果。由于 DDIS 对每个滑动窗口单独计算 NN 匹配且滑动窗口的计算效率较低，导致模板在与较大尺寸的目标图像进行匹配时，处理时间较长。为此，Talker 等人[76]基于单向 NN 匹配提出 DIWU（Deformable Image Weighted Unpopularity）方法。与 DDIS 基于目标图像窗口点不同，DIWU 计算整幅目标图像点在模板中的最近邻匹配点，若多个像素的 NN 匹配点相同，则像素的置信分数就低，匹配的正确性就低。在此基础上，采用曼哈顿距离提升对形变的鲁棒性。DIWU 以第一个图像窗口的分数为基础，逐步计算之后的每个窗口分数。该方法在保证匹配准确性的同时，提高了运算速度，使得基于 NN 的模板匹配适合实际应用。

BBS 和 DDIS 均采用计算矩形块间的相似性度量解决几何形变和部分遮挡问题，但滑动窗口的使用限制了遮挡程度。Korman 等人[77]基于一致集最大化（Consensus Set Maximization，CSM）提出适用于存在高度遮挡情况下的模板匹配方法 OATM。OATM 通过约简方法，将单个矢量和 N 个目标矢量间的匹配问题转化为两组 $\sqrt{N}$ 矢量间的匹配问题，并基于随机网格哈希方法进行匹配搜索。匹配搜索的过程是寻找 CSM 的过程，使用阈值内的残差映射进行变换搜索。OATM 提高了方法的处理速度，较好地解决了遮挡问题。

与基于欧氏距离的像素间的相似性不同，共现统计（Co-Occurrence Statistics）从数据中学习像素间的相似性。Kat 等人[78]通过统计模板点和目标点在目标图像窗口共同出现的概率提出 CoTM。CoTM 在处理彩色图时，首先采用 K-means 聚类方法将图像量化为 K 个类簇，根据共现矩阵统计模板和目标图像中的类簇对在目标图像中共同出现的次数；然后基于每个类簇的先验概率进行归一化，构造点互信息（PMI）矩阵，值越大表明共现概率越高，误匹配率就越低；最后根据 PMI 计算模板类簇中的像素和目标图像窗口中包含的类簇中的像素之间的相关性，选出最佳匹配位置。CoTM 也适用于颜色特征之外的其他特征，如深度特征，可将共现统计（捕获全局统计）与深度特征（捕获局部统计数据）相结合，在基于标准数据集的模板匹配中提高匹配效果。

近年来，基于深度学习的图像区域匹配成为研究热点，卷积神经网络（CNN）在局部图像区域匹配应用中，根据是否存在度量层可以分为具有度量层和不存在度量层两类。

（1）第一类为具有度量层的方法，这类网络通常把图像块对匹配问题视为二分类问题。Han 等人[79 提出的 MatchNet 通过 CNN 进行图像区域特征提取和相似性度量，如图 1.21 所示。对于每个输入图像块，特征网络［见图 1.21（a)］输出一个固定维度特征，预处理层的输入为灰度图像块，起到归一化作用。卷积层激活函数为 ReLU，瓶颈（Bottlebeck）层为全连接层，能够降低特征维度并防止网络过拟合。

采用三个全连接层组成的度量网络［见图 1.21（b)］计算特征对的匹配分数，双塔结构［见图 1.21（c)］在监督环境下联合训练特征网络和度量网络。表 1.1 给出了 MatchNet 的层参数设置，其中，C 代表卷积，MP 代表最大池化，FC 代表全连接；对于全连接层，B 和 F 的大小从 $B \in \{64,128,256,512\}$，$F \in \{128,256,512,1024\}$ 中选择。所有卷积层和全连接层都使用 ReLU 激活（全连接 3 除外），全连接 3 的输出用 Softmax 规范。MatchNet 能够提高图像匹配准确率，减少对描述符的存储要求，与直接输入成对的图像块计算匹配分数相比，能够有效地减少特征网络的计算量。

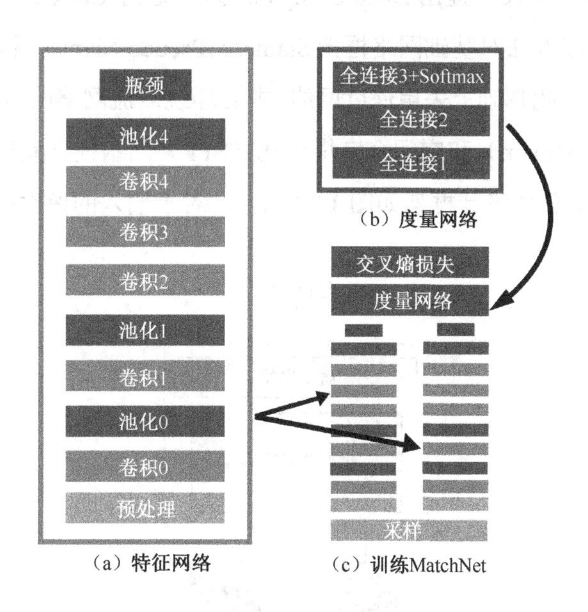

图 1.21 MatchNet 体系结构

表 1.1 MatchNet 的层参数

名 称	类 型	输出维度	卷积和池化层块大小	步 长
卷积 0	C	64×64×24	7×7	1
池化 0	MP	32×32×24	3×3	2
卷积 1	C	32×32×64	5×5	1
池化 1	MP	16×16×64	3×3	2
卷积 2	C	16×16×96	3×3	1
卷积 3	C	16×16×96	3×3	1
卷积 4	C	16×16×64	3×3	1
池化 4	MP	8×8×64	3×3	2
瓶颈	FC	*B*	—	—
全连接 1	FC	*F*	—	—
全连接 2	FC	*F*	—	—
全连接 3	FC	2	—	—

Zagoruyko 等人[80]提出 Deep Compare 方法，通过 CNN 比较灰度图像块对的相似性。该方法对基础网络框架 Siamese、Pseudo-Siamese 和 2 通道（2ch）进行描述，并在此基础上采用深度网络、中心环绕双流网络（Central-surround two-stream，2stream）和空间金字塔池化（SPP）网络提升基础框架性能。Deep Compare 总体设计框架如图 1.22 所示，对于输入的像对区域直接输出是否匹配。

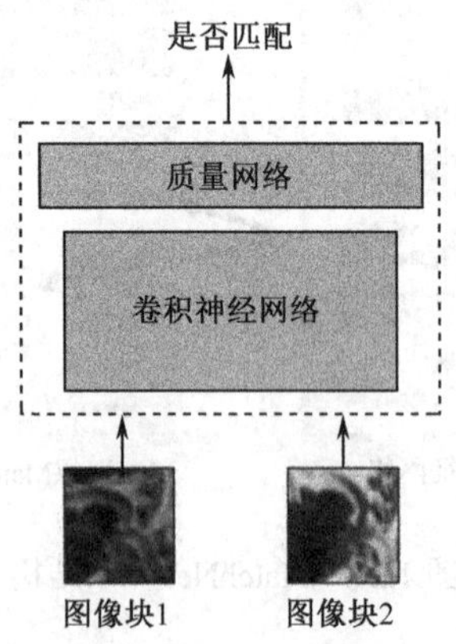

图 1.22 Deep Compare 总体设计框架

三种基础框架如图 1.23 所示，图 1.23（a）为 2 通道网络，图 1.23（b）为 Siamese 网络和 Pseudo-Siamese 网络。Siamese 网络和 Pseudo-Siamese 网络的不同之处在于 Siamese 网络的两个分支共享权重，但 Pseudo-Siamese 网络灵活性高于 Siamese 网络。在 2 通道网络中，直接叠加输入的一对待匹配图像块，作为 CNN 网络输入图像的两个通道，与 Siamese 网络相比具有训练速度快、灵活性高等优点，但测试非常费时，需要穷举所有可能的组合，并且不能输出每个块相应的描述子。Siamese-2stream 网络结构如图 1.24 所示，其中 2stream 为高分辨率流（中心流）和低分辨率流（边缘流），高分辨率流的输入为中心原始图像块，大小为原始图像块一半；低分辨率流的输入为降采样后的原始图像块，大小为原始图像块的一半。

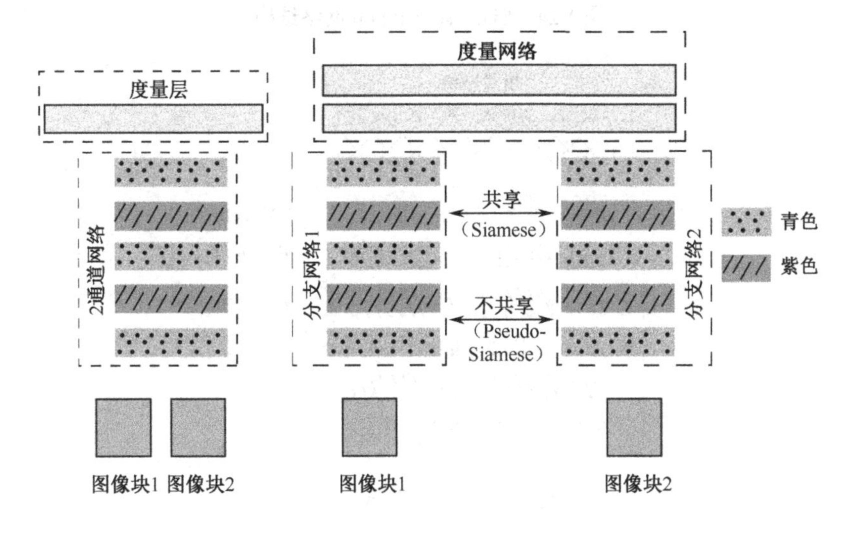

（a）2 通道网络　　（b）Siamese 网络和 Pseudo-Siamese 网络

图 1.23　三种基础的网络体系结构

上述方法要求输入的一对图像块尺寸大小相同，SPP 网络的提出较好地解决了该问题，结构如图 1.25 所示。SPP 层的加入允许输入任意大小的图像块，图中的青色代表卷积层和激活（ReLU）层，紫色代表最大池化层，黄色代表全连接层（ReLU 也存在于全连接层之间）。

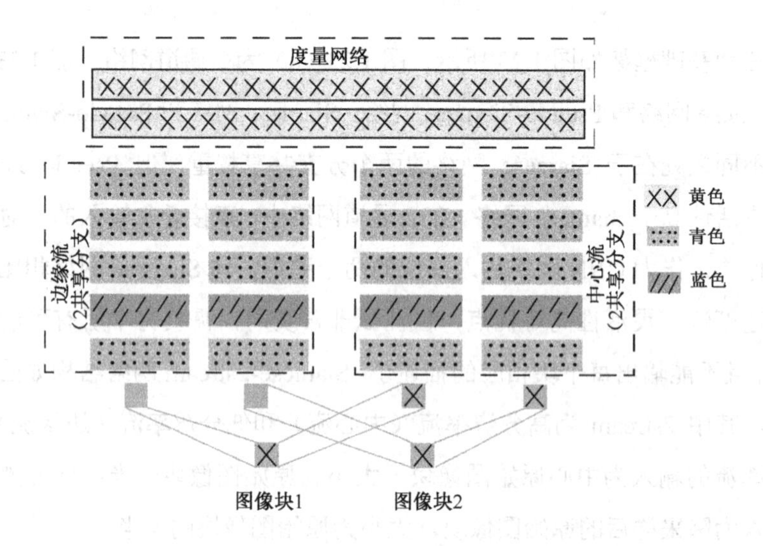

图 1.24　Siamese-2stream 网络结构

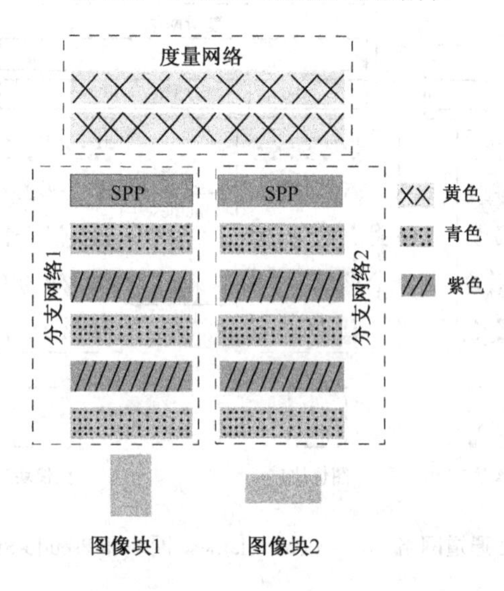

图 1.25　基于 SPP 的 Siamese 网络结构

为了提高卫星影像的配准率，Fan 等人[81]提出基于空间尺度双通道的深度卷积神经网络方法（BBS-2chDCNN）。BBS-2chDCNN 在双通道深度卷积神经网络（2chDCNN）前端加入空间尺度卷积层，以加强整体网络的抗尺度特性。2chDCNN 将待匹配点对局部合成的两通道影像作为输入数据，依次进行四次卷积、ReLU 操作、最大池化操作，三次卷积和 ReLU 操作，最后进行扁平化和两次全连接操作输出一维标量结果。该方法适用于处理异源、多时相、多分辨率的卫星影像，较传统匹配方法能提取到更为丰富的同名点。

（2）第二类不存在度量层的方法，这类网络的输出即为特征描述符，在某些应用中可以直接代替传统描述符。Balntas 等人[82]提出的 PN-Net 采用 Triplet 网络训练，训练过程如图 1.26 所示。图像块三元组$T=\{p_1,p_2,n\}$，包括正样本对(p_1,p_2)和负样本对(p_1,n)、(p_2,n)，采用 SoftPN 损失函数计算网络输出描述符间的相似性，以确保最小负样本对距离大于正样本对距离。表 1.2 给出所采用的 CNN 体系结构的参数，采用32×32的图像块作为输入，括号里面的数字表示卷积核大小，箭头后面的数字表示输出通道数，Tanh 为激活函数。与其他特征描述符相比，PN-Net 具备更高效的描述符提取及匹配性能，能显著减少训练和执行时间。

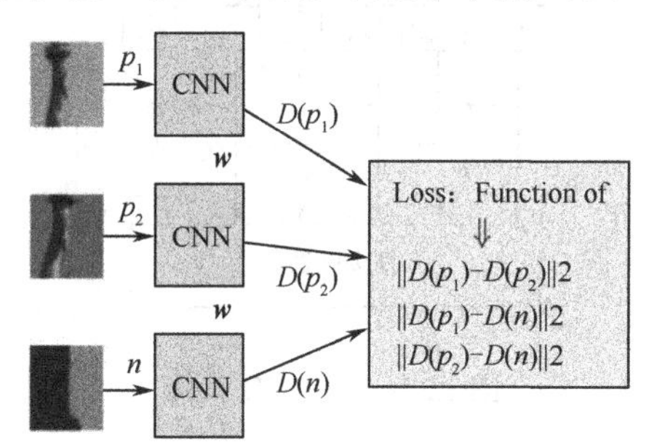

图 1.26　PN-Net 体系结构的训练

表 1.2　CNN 体系结构的参数

层　号	描　述
1	空间卷积（7，7）→32
2	Tanh
3	最大池化（2，2）
4	空间卷积（6，6）→64
5	Tanh
6	线性→[128，256]
7	Tanh

Yang 等人[83]提出用于图像块表示的一对互补描述符学习框架 Deep CD。该方法采用 Triplet 网络进行训练，输出主描述符（实值描述符）和辅描述符（二值描述符），如图 1.27 所示，输入图像区域包括正样本对(a,p)，负样本对(a,n)和(p,n)，L 代表主描述符，C 代表辅描述符，$\varDelta$ 代表主描述符距离，$\bar{\varDelta}$ 代表辅描述符距离。数据相关调制层（DDM）通过学习率的动态调整来实现辅描述符对主描述符的辅助作用。该方法能够有效地提高图像块描述符在各种应用和变换中的性能。

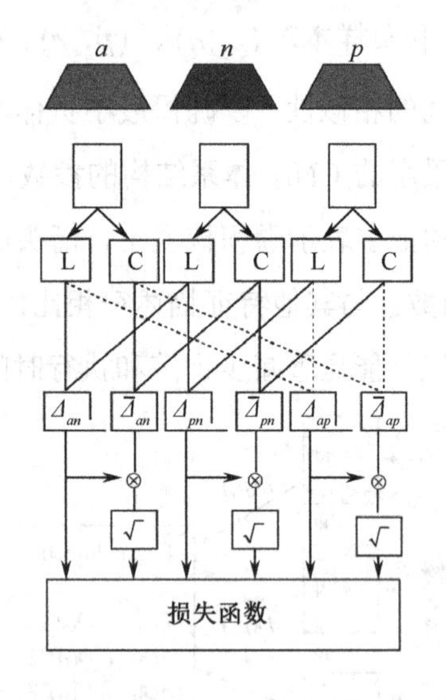

图 1.27 Deep CD 结构

以上这些方法都是对图像块对或三元组进行的处理，Tian 等人[84]提出的 L2-Net 通过 CNN 在欧氏空间将一批图像块转换成一批描述符，将批处理中的最近邻作为正确匹配描述符。如图 1.28 所示，每个卷积层左边的数字代表卷积核大小，右边的数字表示输出通道数，2 表示下采样层的步长；8×8 Conv 由卷积、批归一化（BN）和 ReLU 组成；8×8 Conv 由卷积和批归一化（BN）组成；局部响应归一化层（LRN）作为单元描述符的输出层，获得 128 维描述符。CS L2-Net 由两个独立 L2-Net 级联成双塔结构，左侧塔输入和 L2-Net 相同，右侧塔输入是中心裁剪后的图像块。采用渐进式采样策略，在参与训练的批样本中，从每对匹配样本中随机抽取一个组成若干不匹配样本，增加负样本数量。该方法与成对样本和三元组样本相比，能够利用更多负样本信息。L2-Net 训练学习的目的为：①找到相对距离最小的描述符，这一操作在输出层进行；②使输出特征冗余度低，通过最小化描述符不同维度之间的相关性实现，这一操作在最后一个 BN 层之后进行；③通过判别中间特征映射（BIF）进行计算，使匹配样本的中间层特征相似性相对最大，这一操作在第一个及最后一个 BN 层之后进行。L2-Net 的优点为具有很好的泛化能力。

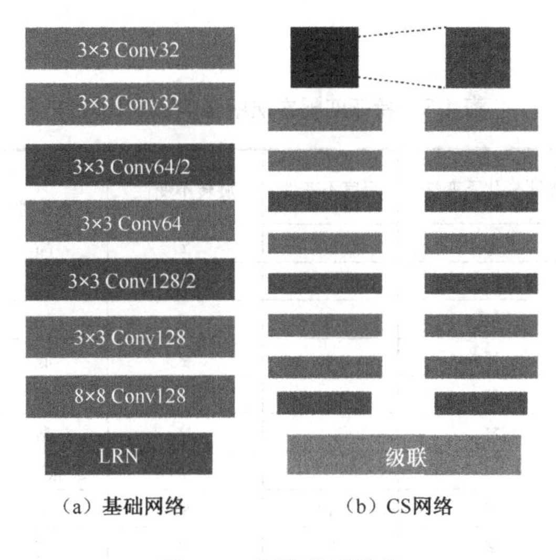

图 1.28　网络体系结构

1.4　像对匹配方法综合对比分析

本章从局部不变特征点匹配、直线匹配、区域匹配三个方面对图像匹配方法予以总结。选用 2 核主频为 3.4GHz 的 CPU，显卡以 NVIDIA GTX TITAN X GPU 作为计算机的实验环境，对多个图像匹配方法进行分析比较。

表 1.3 为从每个类别中选择有代表性的方法进行综合对比分析，测试数据集来自 DTU 数据集及牛津大学数据集 Graf。由表 1.3 可见，在局部不变特征点匹配方法中，ORB 和 FAST 的速度最快，但不具有尺度不变性；ASIFT 对视角变化有很高的鲁棒性，但匹配时间最长。在线匹配方法中，LBD+S&G（S&G 代表在尺度空间下采用几何约束的线特征提取方法）的计算时间最短，MSLD+S&G 次之，其他方面两者的性能接近，LP 的计算时间最长，但对视角变化的鲁棒性更高。在模板匹配方法中，CFAST-Match 的匹配时间略高于 FAST-Match。在区域特征提取方法中，MSER 和 TBMR 的综合性能相近。

表 1.3 特征匹配方法中影响因素比较

方 法	光照变化不变性	尺度不变性	旋转不变性	视角变化鲁棒性	计算时间/s
SIFT	Y	Y	Y	高	2.41
SURF	Y	Y	Y	高	1.1
ASIFT	Y	Y	Y	很高	9.6
ORB	Y	—	Y	低	0.11
FAST	Y			中	0.06
TILDE	Y		Y	高	1.45
文献[17]			Y	很高	48.2
Quad-networks	Y	Y	Y	高	2.41
LIFT	Y	Y	Y	高	6.03
MSLD+S&G	Y		Y	中	0.42
LBD+S&G	Y	Y	Y	中	0.20
LP	Y	Y	Y	高	22
文献[61]		Y	Y	高	6.36
FAST-Match	Y	Y	Y	高	0.23
CFAST-Match	Y	Y	Y	高	0.61
MSER	Y	Y	Y	很高	1.71
TBMR	Y	Y	Y	很高	1.69

由于局部不变特征点匹配比较的是像对间的局部区域相似性，因此常存在大量外点，通常采用两阶段策略完成匹配。第一阶段，通过相似性约束计算一组假定的对应关系，以减少可能的匹配组。由于相似性约束的模

糊性，特别是当图像包含重复模式时，这种假定的对应关系集通常不仅包括大多数真正匹配的内点，而且包含大量的错误匹配或外点。第二阶段的目的是去除外点并估计内点和几何参数，这种策略通常用于几何约束是参数化的情况，如要求相应点位于极线上，适用于这类情况的有 RANSAC 等，当几何约束是非参数化的情况时（如非刚性变换），适用于这类情况的有 VFC 等。表 1.4 对几种误匹配点剔除方法 RANSAC、BF、VFC 和 GMS 进行了分析比较，RANSAC 计算简单，VFC 在误匹配较多的情况下效果显著，每种方法都有各自的特点和优点。在进行误点剔除时，选择最适合自己的误点剔除方法，以提高匹配的精度。表 1.3 列举的方法均采用图像的低层几何特征进行匹配，只能用于同一物体间的像对匹配。从人对事物的认知角度上看，人对图像的描述和理解主要在语义层次上进行，语义可以描述客观事物（图像、摄像机）、主观感受（漂亮、清楚）和抽象概念（广泛、富有）。语义匹配识别的是和语义相关的信息，属于高级计算机视觉研究范畴，表 1.5 从匹配对象和实现形式两方面对三种语义匹配进行比较。

表 1.4　误匹配点剔除方法

方　法	描　述	优　点
RANSAC	采用迭代方式从包含离群数据的数据集中估算出数学模型	方法简单，能够鲁棒地估计模型参数
BF	利用每个匹配定义的局部仿射变换计算两幅图像之间的仿射运动场	具备更高查全率和查准率
VFC	利用矢量场的光滑先验，从带有外点的样本中寻找矢量场的鲁棒估计	具有鲁棒性与高匹配概率，尤其是对误匹配率较高的图像效果更显著
GMS	基于统计，通过计数邻域的匹配点个数来判断一个匹配正确与否	可以快速区分出正确的匹配和错误的匹配，提高了匹配的稳定性

表 1.5　三种语义匹配方法比较

方　法	匹配对象	实现形式
Exemplar-LDA 分类器	属于同一对象类	用分类器描述两点匹配的可能性
AnchorNet	属于同一或不同对象类	采用具有正交响应的滤波器识别具有几何一致的特征
多图像语义匹配[28]	属于同一对象类的多个对象	将匹配问题转换成特征选择和标注问题

深度学习的方法开启了研究者检测与匹配图像稳定特征的新思路，通过深度神经网络可以进行诸如特征的提取、方向估计与描述等工作。采用卷积神经网络提取特征的优点为：①由于卷积和池化计算的性质，使得图像中的平移部分对于最后的特征矢量没有影响，从这一角度说，提取到的特征不易过拟合；②与其他方法相比，CNN 提取的特征更加稳定，能有效提高匹配准确率；③可以利用不同卷积、池化和最后输出的特征矢量控制整体模型的拟合能力，在过拟合时可以降低特征矢量的维数，在欠拟合时可以提高卷积层的输出维数，相对于其他特征提取方法更加灵活。

目前特征描述符主要分为两类：人工设计描述符和基于学习的描述符。人工设计描述符主要靠直觉和研究者的专业知识驱动，基于学习的描述符由数据驱动。与基于学习的描述符相比，人工设计的描述符在性能方面相对较差，而优点是不需要数据或者只需要少量数据，计算时间较短；基于学习的描述符性能更高，参数的选择可能需要用端到端的梯度下降法进行训练，需要大量数据参与训练，计算时间相对较长，通常采用 GPU 提高处理速度。表 1.6 从性能、参数学习、数据要求和计算时间四个方面对两者进行分析比较。

表 1.6 人工设计描述符和基于学习的描述符比较

类 别	性 能	参数学习	数据要求	计算时间	典型方法
人工设计	次优	视情况而定	少量或不需要	较短	SIFT、ORB
基于学习	优	端到端的梯度下降法训练	大量数据参与训练	较长	MatchNet、L2-Net

基于 CNN 的描述符学习的主流体系结构为 Siamese 网络和 Triplet 网络。Siamese 网络以成对图像块作为共享权值的深度神经网络的输入，再将输入映射到新的空间，形成输入在新空间中的表示，通过损失函数计算块对间相似度，适用于处理两个输入区域特征较为相似的情况，MatchNet 就是典

型的 Siamese 网络。不共享权值网络称为 Pseudo-Siamese 网络，两个输入既可以是相同类型的神经网络，又可以是不同类型的神经网络，适用于处理两个输入有一定差别的情况。Siamese 网络还可以应用在手写识别、词汇的语义相似度分析及目标跟踪等领域。Triplet 网络输入三个图像块，分别为两个正样本和一个负样本，训练的目的是让相同类别间的距离尽可能小，使不同类别间的距离尽可能大，PN-Net 就是采用 Triplet 网络进行训练的。表 1.7 从输入数据、表现形式、目标输出、代表方法四个方面对 Siamese 网络和 Triplet 网络进行分析比较。在表现形式上，正样本对和负样本对在 Siamese 网络中相互分开，而在 Triplet 网络中互相关联；两者都采用正样本对间距离最小、负样本对间距离最大的方式获得目标输出。表 1.8 从样本组织形式、应用形式和计算复杂度三个方面对基于深度学习的匹配方法进行分析描述，其中 MatchNet 和 Deep Compare 以成对图像块作为输入，并且均包含度量层，但 Deep Compare 的提取时间远小于 Match Net。Deep Desc、L2-Net、PN-Net 均采用 L2 距离衡量相似性，但三者的组织形式不同：Deep Desc 的输入为图像块对，L2-Net 为全局信息，PN-Net 为图像块三元组。PN-Net 的特征提取时间最短，L2-Net 和 Deep Compare 次之，Deep Desc 和 Match Net 的处理时间最长。表 1.9 给出本章中所列举的近几年方法的论文和代码下载地址，方便读者参考。

表 1.7　Siamese 网络和 Triplet 网络比较

类　别	输入数据	表现形式	目标输出	代表方法
Siamese 网络	成对图像块	正样本对和负样本对是分开计算的	正样本对距离趋于 0，负样本对距离趋于最大	MatchNet
Triplet 网络	图像块三元组，通常为一对正样本和两对负样本	正样本对和负样本对是互联的	正样本对距离趋于 0，负样本对距离趋于最大	Deep CD、PN-Net

表 1.8　不同基于学习匹配方法比较

方　法	样本组织形式			应用形式		运行时间（GPU）
	成　对	三 元 组	全　局	度　量	L2	提取时间/μs
MatchNet	Y			Y		573
Deep Compare	Y			Y		44
Deep Desc	Y				Y	579
L2-Net			Y		Y	48
PN-Net		Y			Y	10

表 1.9　图像匹配方法对应论文及代码地址

类 别	方　法	论文及代码下载地址
二维点匹配	TILDE	https：//cvlab.epfl.ch/research/tilde
	Transform_Covariant_Detector	http：//dvmmweb.cs.columbia.edu/files/3129.pdf https：//github.com/ColumbiaDVMM/Transform_Covariant_Detector
	Deep Desc	http：//icwww.epfl.ch/～trulls/pdf/iccv-2015-deepdesc.pdf https：//github.com/etrulls/deepdesc-release
	LIFT	https：//arxiv.org/pdf/1603.09114.pdf https：//github.com/cvlab-epfl/LIFT
	Quad-networks	https：//arxiv.org/pdf/1611.07571.pdf
	GMS	http：//jwbian.net/gms
	VFC	http：//www.escience.cn/people/jiayima/cxdm.html
三维点匹配	PPFNet	http：//tbirdal.me/downloads/tolga-birdal-cvpr-2018-ppfnet.pdf
	文献[51]	http：//cn.arxiv.org/pdf/1802.07869
	文献[49]	http：//cn.arxiv.org/pdf/1807.05653
	文献[50]	http：//openaccess.thecvf.com/content_ECCV_2018/papers/Hanyu_Wang_Learning_3D_Keypoint_ECCV_2018_paper.pdf
语义匹配	样本 LDA 分类器	http：//ci2cv.net/media/papers/2015_ICCV_Hilton.pdf https：//github.com/hbristow/epic
	AnchorNet	http：//openaccess.thecvf.com/content_cvpr_2017/papers/Novotny_AnchorNet_A_Weakly_CVPR_2017_paper.pdf
	文献[28]	http：//cn.arxiv.org/pdf/1711.07641
线匹配	LBD	http：//www.docin.com/p-1395717977.html https：//github.com/mtamburrano/LBD_Descriptor
	新线点投影不变量	https：//github.com/dlut-dimt/LineMatching

续表

类 别	方 法	论文及代码下载地址
模板匹配	FAST-Match	http：//www.eng.tau.ac.il/～simonk/FastMatch/
	CFAST-Match	https：//wenku.baidu.com/view/3d96bf9127fff705cc1755270722192e453658a5.html
	DDIS	https：//arxiv.org/abs/1612.02190 https：//github.com/roimehrez/DDIS
	DIWU	http：//liortalker.wixsite.com/liortalker/code
	CoTM	http：//openaccess.thecvf.com/content_cvpr_2018/CameraReady/2450. pdf
	OATM	http：//cn.arxiv.org/pdf/1804.02638
块匹配	MatchNet	http：//www.cs.unc.edu/～xufeng/cs/papers/cvpr15-matchnet.pdf https：//github.com/hanxf/matchnet
	Deep Compare	http：//imagine.enpc.fr/～zagoruys/publication/deepcompare/
	PN-Net	https：//arxiv.org/abs/1601.05030 https：//github.com/vbalnt/pnnet
	L2-Net	http：//www.nlpr.ia.ac.cn/fanbin/pub/L2-Net_CVPR17.pdf https：//github.com/yuruntian/L2-Net
	Deep CD	https：//www.csie.ntu.edu.tw/～cyy/publications/papers/Yang2017 DLD Pdf https：//github.com/shamangary/Deep CD

综上，未来图像匹配方法的发展将集中在以下三个方面。

（1）多种图像匹配方法的融合。通过对已有的图像匹配方法进行研究可以发现，每种匹配方法都有各自的特点和适用范围，需要在未来的研究工作中综合这些方法的特点，克服每种方法的应用局限性，最大限度地提升图像匹配方法的应用范围。

（2）对三维特征匹配方法的研究。对于需要精确定位的场景，如工业环境能中零件的分拣，目标物体往往存在极大的三维变换，而二维模板往往不足以描绘出目标物的三维姿态，并且随着激光雷达、RGBD 相机等三维传感器在机器人、无人驾驶领域的广泛应用，对三维特征匹配的性能要求也越来越高。目前，对三维点云数据的研究逐渐从低层次几何特征提取（PFH、FPFH、VFH 等）向高层次语义理解过渡（点云识别、语义分割）。针对无序点云数据的深度学习方法研究进展较为缓慢，主要原因有三点：①点云具有无序性，受采集设备及坐标系影响，同一个物体使用不同的设备或者位置扫描，三维点的排列顺序千差万别，这样的数据很难直接通过端到端的模型处理；②点云具有稀疏性，在机器人和自动驾驶的场景中，激光雷达的采样点覆盖相对于场景的尺度，具有很强的稀疏性；③点云信息量有限，点云的数据结构就是一些三维空间的点坐标构成的点集，本质是对三维世界几何形状的低分辨率重采样，因此只能提供片面的几何信息。

（3）对卷积神经网络模型的深入研究。对 CNN 其内部结构深入了解，加强对多层卷积神经网络的设计，从而更快、更准确地完成像对匹配。

参考文献

[1] Harris C J. A combined corner and edge detector[J]. Proc Alvey Vision Conf，1988（3）：147-151.

[2] Rosten E，Drummond T. Machine Learning for High-Speed Corner Detection[C]. European Conference on Computer Vision. Berlin：Springer，2006：430-443.

[3] Lowe D G. Distinctive Image Features from Scale-Invariant Keypoints[J]. International Journal of Computer Vision，2004，60（2）：91-110.

[4] Liu L，Zhan Y Y，Luo Y，et al. An Overview of Scale Invariant Feature Transform Operators[J]. Journal of Image and Graphics，2013，18（8）：885-892.

[5] Xu Y X，Chen F. Recent advances in local image descriptor[J]. Journal of Image and Graphics，2015，20（9）：1133-1150.

[6] Zhang X H，Li B，Yang D. A new Harris multi-scale corner detection[J]. Journal of Electronics and Information Technology，2007，29（7）：1735-1738.

[7] He H Q，Huang S X. Improved Rapid Location of Harris Sub-pixel Corners[J]. Journal of Image and Graphics，2012，17（7）：853-857.

[8] Zhang L T，Huang X L，Lu L L，et al. Fast algorithm for Harris corner detection based on gray difference and template[J]. Chinese Journal of Scientific Instrument，2018（2）.

[9] Ke Y，Sukthankar R. PCA-SIFT：A More Distinctive Representation for Local Image Descriptors[C]. CVPR，2004：506-513.

[10] Bay H，Tuytelaars T，Gool L. SURF：speeded up robust features [C]. ECCV，2006：404-417.

[11] Li L，Peng F Y，Zhao K，et al. Simplified SIFT algorithm for fast image matching[J]. Infrared & Laser Engineering，2008，37（1）：181-184.

[12] Abdel-Hakim A E，Farag A A. CSIFT：A SIFT Descriptor with Color Invariant Characteristics[C]. IEEE Computer Society Conference on Computer Vision & Pattern Recognition，2006：1978-1983.

[13] Mikolajczyk K，Schmid C. A performance evaluation of local descriptors[J]. The IEEE Transactions on Pattern Analysis and Machine Intelligence，2005，27（10）：1615-1630.

[14] Morel J M，Yu G. ASIFT：A New Framework for Fully Affine Invariant Image Comparison[J]. Siam Journal on Imaging Sciences，2009，2（2）：438-469.

[15] Rosten E，Porter R，Drummond T. Faster and better：a machine learning approach to corner detection[J]. IEEE Computer Society，2009，32（1）.

[16] Verdie Y，Yi K M，Fua P，et al. TILDE：A Temporally Invariant Learned DEtector[C]. CVPR，2015：5279-5288.

[17] Zhang X，Yu F X，Karaman S，et al. Learning Discriminative and Transformation Covariant Local Feature Detectors[J]. CVPR，2017：4923-4931.

[18] Savinov N，Seki A，Sattler T，et al. Quad-Networks：Unsupervised Learning to Rank for Interest Point Detection[J]. Conference on Computer Vision and Pattern Recognition，2017：3929-3937.

[19] Simo-Serra E，Trulls E，Ferraz L，et al. Discriminative Learning of Deep Convolutional Feature Point Descriptors[J]. ICCV，2015：118-126.

[20] Yi K M，Trulls E，Lepetit V，et al. LIFT：Learned Invariant Feature Transform[J]. ECCV，2016：467-483.

[21] Jaderberg M，Simonyan K，Zisserman A，et al. Spatial Transformer Networks[J]. Advances in Neural Information Processing Systems，2015：2017-2025.

[22] Yi K M，Verdie Y，Fua P，et al. Learning to Assign Orientations to Feature Points[C]. CVPR，2016：107-116.

[23] Liu C，Yuen J，Torralba A. SIFT Flow：Dense Correspondence across Scenes and Its Applications[J]. Pattern Analysis & Machine Intelligence，2010，33（5）：978-994.

[24] Bristow H，Valmadre J，Simon L. Dense Semantic Correspondence Where Every Pixel is a Classifier[J]. ICCV，2015：4024-4031.

[25] Novotny D，Larlus D，Vedaldi A. AnchorNet：A Weakly Supervised Network to Learn Geometry-Sensitive Features for Semantic Matching[C]. CVPR，2017：2867-2876.

[26] Kar A，Tulsiani S，Carreira J，et al. Catego-ry-specific object reconstruction from a single image[C]. CVPR，2015：1966-1974.

[27] Thewlis J，Bilen H，Vedaldi A. Unsupervised learning of object landmarks by factorized spatial embeddings[C]. ICCV，2017：3229-3238.

[28] Wang Q，Zhou X，Daniilidis K. Multi-Image Semantic Matching by Mining Consistent Features[C]. CVPR，2018：685-694.

[29] Yu D，Yang F，Yang C，et al. Fast Rotation Free Feature Based Image

Registration Using Improved N-SIFT and GMM Based Parallel Optimization[J]. Biomedical Engineering，2016，63（8）：1653-1664.

[30] Pock T，Urschler M，Zach C，et al. A Duality Based Algorithm for TV-L1-Optical-Flow Image Registration[C]. International Conference on Medical Image Computing and Computer-Assisted Intervention，2007：511-518.

[31] Zhang G M，Sun X X，Liu J X，et al. Research on TV-L1 Optical Flow Model for Image Registration Based on Fractional-order Differentiation[J]. Acta Automatica Sinica，2017，43（12）：2213-2224.

[32] Lu X S，Tu S X，Zhang S. A Metric Method Using Multidimensional Features for Nonrigid Registration of Medical Images[J]. Acta Automatica Sinica，2016，42（9）：1413-1420.

[33] Yang W，Zhong L，Chen Y，et al. Predicting CT Image from MRI Data through Feature Matching with Learned Nonlinear Local Descriptors[J]. IEEE Transactions on Medical Imaging，2018，37（4）：977.

[34] Cao X，Yang J，Gao Y，et al. Region-adaptive Deformable Registration of CT/MRI Pelvic Images via Learning-based Image Synthesis[J]. IEEE Transactions on Image Processing，2018，27（7）：3500-3512.

[35] He M M，Guo Q，Li A，et al. Automatic fast feature-level image registration for high-resolution remote sensing images[J]. Journal of Remote Sensing，2018，22（2）：277-292.

[36] Fischler M A，Bolles R C. Random sample consensus：a paradigm for model fitting with applications to image analysis and automated cartography[J]. Communications of the ACM，1981，24（6）：381-395.

[37] Torr P H S，Zisserman A. MLESAC：A New Robust Estimator with Application to Estimating Image Geometry[J]. Computer Vision & Image Understanding，2000，78（1）：138-156.

[38] Li X，Hu Z. Rejecting Mismatches by Correspondence Function[J]. International Journal of Computer Vision，2010，89（1）：1-17.

[39] Liu H，Yan S. Common visual pattern discovery via spatially coherent correspondences[C]. CVPR，2010：1609-1616.

[40] Liu H，Yan S. Robust graph mode seeking by graph shift[C]. ICML，2010：671-678.

[41] Lin W Y D，Cheng M M，Lu J，et al. Bilateral Functions for Global Motion Modeling[C]. ECCV，2014：341-356.

[42] Bian J，Lin W Y，Matsushita Y，et al. GMS：Grid-Based Motion Statistics for Fast，Ultra-Robust Feature Correspondence[C]. CVPR，2017：2828-2837.

[43] Chen F J，Han J，Wang Z W，et al. Image registration algorithm based on improved GMS and weighted projection transformation[J]. Advances in Laser and Optoelectronics，2018：1-13.

[44] Ma J，Zhao J，Tian J，et al. Robust Point Matching via Vector Field Consensus[J]. IEEE Transactions on Image Processing，2014，23（4）：1706-1721.

[45] Aronszajn N. Theory of reproducing kernels[J]. Transactions of the American Mathematical Society，2003，68（3）：337-404.

[46] Charles R Q，Su H，Mo K，et al. PointNet：Deep Learning on Point Sets for 3D Classification on and Segmentation[C]. CVPR，2017：77-85.

[47] Qi C R，Yi L，Su H，et al. PointNet++：Deep Hierarchical Feature Learning on Point Sets in a Metric Space[C]. Conference on Neural Information Processing Systems，2017.

[48] Deng H，Birdal T，Ilic S. PPFNet：Global Context Aware Local Features for Robust 3D Point Matching[J]. CVPR，2018.

[49] Zhou L ，Zhu S ，Luo Z ，et al. Learning and Matching Multi-View

Descriptors for Registration of Point Clouds[C]. ECCV，2018.
[50] Wang H Y，Guo J W，Yan D M，et al. Learning 3D Keypoint Descriptors for Non-Rigid Shape Matching[C]. ECCV，2018.
[51] Georgakis G，Karanam S，Wu Z，et al. End-to-end learning of keypoint detector and descriptor for pose invariant 3D matching[C]. CVPR，2018.
[52] Ren S，He K，Girshick R，et al. Faster R-CNN：Towards Real-Time Object Detection with Region Proposal Networks[J]. IEEE Transactions on Pattern Analysis & Machine Intelligence，2017，39（6）：1137-1149.
[53] Wang Z，Wu F，Hu Z. MSLD：A robust descriptor for line matching[J]. Pattern Recognition，2009，42（5）：941-953.
[54] Wang J X，Zhang X，Zhu H，et al. MSLD Descriptor Combining Region Affine Transformation Matching Straight Line Segments[J]. Signal Processing，2018，34（2）：183-191.
[55] Zhang L，Koch R. An efficient and robust line segment matching approach based on LBD descriptor and pairwise geometric consistency[J]. Journal of Visual Communication & Image Representation，2013，24（7）：794-805.
[56] Wang L，Neumann U，You S. Wide-baseline image matching using Line Signatures[C]. ICCV，2010：1311-1318.
[57] López J，Santos R，Fdez-Vidal X R，et al. Two-view line matching algorithm based on context and appearance in low-textured images[J]. Pattern Recognition，2015，48（7）：2164-2184.
[58] Fan B，Wu F，Hu Z. Line matching leveraged by point correspondences[C]. CVPR，2010：390-397.
[59] Fan B，Wu F，Hu Z. Robust line matching through line-point invariants[J]. Pattern Recognition，2012，45（2）：794-805.
[60] Lourakis M I A，Halkidis S T，Orphanoudakis S C. Matching disparate

views of planar surfaces using projective invariants[J]. Image & Vision Computing，2000，18（9）：673-683.

[61] Jia Q，Gao X，Fan X，et al. Novel Coplanar Line-Points Invariants for Robust Line Matching Across Views[C]. ECCV，2016：599-611.

[62] Luo Z X，Zhou X C，Gu D X F. From a projective invariant to some new properties of algebraic hypersurfaces[J]. Science China Mathematics，2014，57（11）：2273-2284.

[63] Ouyang H，Fan D Z，Ji S，et al. Line Matching Based on Discrete Description and Conjugate Point Constraint[J]. Acta Geodaetica et Cartographica Sinica，2018，47（10）：1363-1371.

[64] Matas J，Chum O，Urban M，et al. Robust Wide Baseline Stereo from Maximally Stable Extremal Regions[C]. BMVC，2002：1041-1044.

[65] Nistér D，Stewénius H. Linear Time Maximally Stable Extremal Regions[C]. ECCV，2008：183-196.

[66] Elnemr H. Combining SURF and MSER along with Color Features for Image Retrieval System Based on Bag of Visual Words[J]. Journal of Computer Science，2016，12（4）：213-222.

[67] Mo H Y，Wang Z P. A Feature Detection Method Combining MSER and SIFT Operators[J]. Journal of Donghua University（Natural Science），2011，37（5）：624-628.

[68] Xu Y，Monasse P，Géraud T，et al. Tree-Based Morse Regions：A Topological Approach to Local Feature Detection[J]. IEEE Transactions on Image Processing，2014，23（12）：5612-5625.

[69] Korman S，Reichman D，Tsur G，et al. FasT-Match：Fast Affine Template Matching[C]. CVPR，2013：2331-2338.

[70] Jia D，Cao J，Song W D，et al. Colour FAST（CFAST）match：fast affine template matching for colour images[J]. Electronics Letters，2016，52

（14）：1220-1221.

[71] Jia D，Yang N H，Sun J G. Template selection and matching algorithm for image matching[J]. Journal of Image and Graphics，2017，22（11）：1512-1520.

[72] Dekel T，Oron S，Rubinstein M，et al. Best-Buddies Similarity for robust template matching[J]. CVPR，2015：2021-2029.

[73] Oron S，Dekel T，Xue T，et al. Best-Buddies Similarity-Robust Template Matching Using Mutual Nearest Neighbors[J]. Pattern Analysis and Machine Intelligence，2018，40（8）：1799-1813.

[74] Wang G，Sun X L，Shang Y，et al. A robust template matching algorithm based on optimal similarity pairs[J]. Acta Optica Sinica，2017（3）：274-280.

[75] Talmi I，Mechrez R，Zelnikmanor L. Template Matching with Deformable Diversity Similarity[J]. CVPR，2017：1311-1319.

[76] Talker L，Moses Y，Shimshoni I. Efficient Sliding Window Computation for NN-Based Template Matching[J]. ECCV，2018：404-418.

[77] Korman S，Milam M，Soatto S. OATM：Occlusion Aware Template Matching by Consensus Set Maximization[C]. CVPR，2018.

[78] Kat R，Jevnisek R J，Avidan S. Matching Pixels using Co-Occurrence Statistics[C]. CVPR，2018.

[79] Han X，Leung T，Jia Y，et al. MatchNet：Unifying feature and metric learning for patch-based matching[C]. CVPR，2015：3279-3286.

[80] Zagoruyko S，Komodakis N. Learning to compare image patches via Convolutional neural networks[C]. CVPR，2015：4353-4361.

[81] Fan D Z，Dong Y，Zhang Y S. Satellite Image Matching Method Based on Deep Convolution Neural Network[J]. Acta Geodaeticaet Cartograph-ica Sinica，2018，47（6）：844-853.

[82] Balntas V，Johns E，Tang L，et al. PN-Net：Conjoined Triple Deep

Network for Learning Local Image Descriptors[J]. In：arXiv Preprint，2016.

[83] Yang T Y，Hsu J H，Lin Y Y，et al. Deep CD：Learning Deep Complementary Descriptors for Patch Representations[C]. ICCV，2017：3334-3342.

[84] Tian Y，Fan B，Wu F. L2-Net：Deep Learning of Discriminative Patch Descriptor in Euclidean Space[C]. CVPR，2017：6128-6136.

第2章

02

局部不变特征点稠密匹配

像对间局部不变特征点稠密匹配旨在寻找两幅图片之间的共同视觉信息，尽可能多地建立像素点的对应关系，是计算机视觉领域的研究热点之一，也是影像融合[1-2]、超分辨率重建[3-4]、视觉定位[5-6]、三维重建[7]等高级图像处理技术的基础。影响稠密匹配实用性的主要指标包括方法的复杂度、鲁棒性、匹配准确率及匹配稠密度等，而如何克服外部条件的影响，快速获得准确且稠密的匹配结果是该任务的研究难点。

2.1 基于 Deep Matching 的像对高效稠密匹配方法

目前，虽然像对间的稠密匹配方法已成功应用于诸多项目中，但由于受多种条件的制约，限制了这类匹配方法的适用环境。目前，像对稠密匹配的研究工作难点主要集中在以下几点。

（1）具有重复纹理的目标匹配。尽管稠密匹配技术现已较为成熟，并应用于跟踪检测、人脸识别等领域，但这类方法[8]多是针对窄基线条件下具有重复纹理的目标匹配，而宽基线条件下摄影条件差异较大，具有重复纹理目标匹配的准确率仍有待提高。

（2）非刚体目标匹配。由于非刚体目标在位移过程中其形状和外观会产生非刚性形变，给非刚体目标匹配带来了难度，因而它成为当下宽基线图像匹配的研究热点之一。

为了解决非刚性匹配的鲁棒性问题，文献[9]利用重叠补丁之间的冗余加快稠密匹配的处理速度。其思想是以一种“宽松”的方式在邻域间传播良好的匹配关系，从而获得稠密非刚性匹配结果，而该方法的问题在于缺乏平滑约束，这会导致高度不连续匹配结果。为了解决该问题，Hacohen等人[10]采用多尺度扩张与收缩迭代策略来约束邻近匹配，通过由粗到精的方式逐步矫正匹配不连续的问题。Yang 等人[11]以计算局部区域简单特征为基础，在匹配传播到相邻区域前增加导向滤波部分，通过局部逼近 MRF 获得平滑对应场。Kim 等人[12]采用 Loopy 置信传播方法进行推理，提出了自上而下的策略，完成了密集对应关系的分层匹配。Brauxzin 等人[13]除使用关键点外还使用局部特征，以由粗到精的方式获得匹配结果。但是，这些方法都依赖于从粗到精的方案，部分细节在粗尺度上丢失，造成许多特征无法被检测到。由于这些未检测到的特征对应于局部极小值，因此无法在更高层次被恢复并在各层次上传播。

受到非刚性二维扭曲和深度卷积网络的启发，Revaud 等人提出了 Deep Matching[14]方法，采用非参数与无模型的方式较好地解决了上述问题。与传统的方法[15]相比，它不强调单调性或连续性约束，这使该方法在计算上变得容易很多。Deep Matching 使用金字塔结构进行计算，使其可以匹配重复纹理，并较好地完成半刚性局部变形的匹配问题。此外，在每个分层内，通过假设有限的一组刚性形变计算局部匹配，并在金字塔结构中传播计算结果，逐步矫正匹配点集，实现了非刚体目标的匹配。

Deep Matching 方法虽然通过金字塔结构确保了匹配结果的鲁棒性，较好地解决了非刚体与重复纹理的稠密匹配问题，但由于其采用自下而上的金字塔结构和自上而下的回溯处理方式，不仅对过程中的误差累计降低匹配准确率，而且还会对该方法的时间和空间效率产生严重影响，且随着图像分辨率的增长，时空资源的使用情况亦呈指数形式增加，降低了该方法的实用性。为了解决该问题，本节提出一种改进的 Deep Matching 像对稠密匹配方法。首先，降采样待匹配像对，在低分辨率空间下通过 Deep Matching 方法获得稀疏匹配点集，采用随机抽样一致方法剔除匹配点集中的外点。其次，利用上一步得到的匹配结果估计相机位姿及缩放比例，确定每个点对稠密化过程中的邻域，提取内点所在邻域的方向梯度直方图（HOG）描述符，并对其进行卷积得到分数矩阵。最后在归一化后的分数矩阵筛选出新增匹配点集的相对坐标，并将其还原为匹配像对上的绝对坐标来达到稠密匹配的目的。与 Deep Matching 方法相比，本节方法在提高宽基线影像稠密匹配时间与空间效率的同时，拥有更高的稠密度与准确率。

2.1.1　基于 HOG 特征的稠密化估计

HOG 特征是一种应用于计算机视觉和图像处理领域的特征描述符。HOG 特征能够很好地反映图像的边缘信息，统计局部区域的方向梯度直方图，可以较好地描述其表象。

设 $f(x,y)$ 为图像函数，式（2.1）给出了横向梯度 I_x 和纵向梯度 I_y 的计算方法。

$$\begin{cases} I_x = f(x+1,y) - f(x-1,y) \\ I_y = f(x,y+1) - f(x,y-1) \end{cases} \tag{2.1}$$

本节综合光流估计的思想与 HOG 描述符的原理，通过计算得到 HOG 描述符，估算该区域的运动趋势。把每个像素横向梯度 I_x 八个方向上的余弦值与纵向梯度 I_y 相对应八个方向上的正弦值相加得到其在八个方向上的投影值 o_i。其中，投影值 o_i 中较大的即为该像素点可能的运动方向。

$$o_i = I_x \cos\theta_i + I_y \sin\theta_i \quad (i=1,2,\cdots,8;\ \ \theta_i = 45\times i) \tag{2.2}$$

2.1.2 像对稠密匹配方法

为了可以快速获得大尺寸像对的稠密匹配结果，引入降采样因子α，并根据其取值对待匹配图像I和目标匹配图像I'进行降采样。通过 Deep Matching 方法获得像对降采样后的稀疏匹配点集$S=\{p,p',s\}$，其中，I中的特征点p与I'中的特征点p'构成一对匹配点，s是匹配点之间的相似度分数。因为 Deep Matching 方法的匹配结果存在一定的误匹配点，直接进行稠密化会把错误的匹配点对也进行稠密，故需要对匹配点集S采用 RANSAC 方法剔除外点。

稀疏匹配点集S过滤后，选择合适的卷积区域对稠密结果至关重要，卷积区域的选择主要有两个步骤：第一步，确定卷积区域的大小；第二步，确定卷积区域的位置。在第一步中，卷积区域的大小主要由α决定；在第二步中，卷积区域的位置由相机位姿决定。为确定卷积区域，给出如下操作V：

$$V:V(S)\to(N,M,\mathrm{pos}_i)\ \ (i=1,2,\cdots,n) \tag{2.3}$$

V操作根据S中的匹配点估算出待匹配区域面积的近似比值k，根据比值k选择合适的邻域大小N与M进行卷积；并且与S中匹配点计算出的相机位姿x共同确定卷积区域的中心pos_i，V操作具体如下。

为保证匹配结果的离散程度，在以p为中心$N\times N$大小的邻域中（待匹配图像I中），综合距离的方差与投影值选择局部极值点，即局部特征明显的点集，该操作记为D：

$$\{l_i\}=D\left[o_{ij},\mathrm{dis}(i)\right]\ \ (i=1,2,\cdots,n;\ j=1,2,\cdots,8) \tag{2.4}$$

式中，$\{l_i\}$是待匹配点集合；$\mathrm{dis}(i)$是距离中心p_i的偏移距离；o_{ij}为式（2.2）中给出的投影值。待匹配点集合$\{l_i\}$确定后紧接着是匹配邻域的选择过程。

首先，确定目标匹配图像中匹配邻域的大小M。$\{l_i\}$确定后，从S中挑选匹配图像中的边界点（图 2.1 中圆圈标记的点）构成四边形，四边形的边长定义为边界点距离（图 2.1 中的实线），图 2.1（a）（待匹配图像）中的最大边界点距离与图 2.1（b）（目标匹配图像）中的最小边界点距离共同构成k：

$$k=\frac{\max(I'_{\text{dis}[i]})}{\min(I_{\text{dis}[i]})}\ (i=1,2,\cdots,4) \tag{2.5}$$

式中，$I_{\text{dis}[i]}$和$I'_{\text{dis}[i]}$分别是待匹配图像I与目标匹配图像I'的边界点距离。为保证邻域足够大，k中分子取最小值，分母取最大值，因此匹配邻域大小$M=k\times N$。

（a）待匹配图像边界区域

（b）目标匹配图像边界区域

图 2.1　边界点与边界点距离定义

其次，确定 HOG 描述符的提取顺序。选择S中偶数个数据，两两为一组。以其中一组为例，以该组中第一个数据为原点，计算第二个数据与第一个数据的差值来获得一个旋转偏移值。两个偏移值相减得到坐标的偏差 dif（近似旋转角度）。根据偏差 dif 的情况，指针 dir 指向不同的方向数组，使得邻域提取的HOG信息与当前待匹配点集合$\{l_i\}$中信息分布的方向一致。为避免外点对上述计算的影响，上述结果以“投票”方式获得。

$$\text{dir}=\begin{cases}(a_1,a_2,a_3,a_4,a_5,a_6,a_7,a_8) & \text{dif}=0\\(a_7,a_8,a_1,a_2,a_3,a_4,a_5,a_6) & \text{dif}=1,-3\\(a_5,a_6,a_7,a_8,a_1,a_2,a_3,a_4) & \text{dif}=2\\(a_3,a_4,a_5,a_6,a_7,a_8,a_1,a_2) & \text{dif}=3,-1\end{cases}$$

$$a_i=(\cos\theta_i,\sin\theta_i)\ \ (i=1,2,\cdots,8;\ \ \theta_i=45\times i) \tag{2.6}$$

最后，根据匹配点集S计算得到相机位姿x，方向数组 dir 确定卷积区域的中心pos_i：

$$\text{pos}_i = U(S_i, x, \text{dir}) \ \ (i = 1, 2, \cdots, n) \tag{2.7}$$

综上，确定了待匹配点集合$\{l_i\}$对应匹配的区域大小M、匹配区域的中心pos_i，即完成了匹配邻域的选择。选择好合适的邻域大小N及M后，分别对以p与p'为中心确定的$N \times N$大小和$M \times M$大小的邻域根据dir提取HOG描述符，并将其以降采样因子α还原到原图像中的匹配点位置，此过程定义为T_α：

$$T_\alpha : \begin{cases} \alpha B_{N,p} \to B_{N,p} \\ \alpha B_{M,p'} \to B_{M,p'} \end{cases} \tag{2.8}$$

式中，$B_{N,p}$是以p为中心$N \times N$大小的邻域；$B_{M,p'}$是以p'为中心$M \times M$大小的邻域。将p和p'确定的邻域进行卷积，得到两个邻域的分数矩阵Sim：

$$\text{Sim}_{N^2 \times M^2} = B_{N,p} \otimes B_{M,p'} \tag{2.9}$$

式中，符号$\otimes$代表卷积。在分数矩阵Sim中，第i行的几何意义是待匹配图像中第i个区域与目标匹配图像中其他区域的相似程度，行中的数值越大，表明它们在同一方向上的变化越契合，即两个区域越相似。为统一比较标准，Sim的每一行将进行归一化。分数矩阵Sim中的每一项代表两个点的相似度分数，计算方法如下：

$$\text{Sim}(i, j) = B_{N,p_{i.}} \cdot B_{M,p'_{j.}} \ \ (i \in B_{N,p}, j \in B_{M,p'}) \tag{2.10}$$

式中，$B_{N,p_{i.}}$是以p为中心$N \times N$大小的区域中第i个点；$B_{M,p'_{j.}}$为以p'为中心$M \times M$大小的区域中第j个点；$\cdot$代表内积运算。然后通过F_n筛选出分数矩阵Sim中的m个点的分值及其所在分数矩阵Sim中的位置k_i、h_i：

$$\begin{aligned} & F_m : \text{Sim}(i, j) \to \{\text{Sim}(k_1, h_1) \cdots \text{Sim}(k_m, h_m)\} \\ & (1 \leqslant k_1 \leqslant \cdots \leqslant k_m \leqslant N; \ 1 \leqslant h_1 \leqslant \cdots \leqslant h_m \leqslant M) \end{aligned} \tag{2.11}$$

F_m操作综合考虑数值间的下标距离及数值大小，并基于Top-k排序筛选出分数矩阵Sim中的前m个值，使匹配点分布均匀。最后将得到的位置和重新计算的分数信息加入集合$\{R_i\}$中，此过程定义为C：

$$\begin{aligned} & C : \text{Sim}(k_j, h_j) \to \{R_{ij}\} = \{p_j, p'_j, s'_j\} \\ & (p_j \in B_{N,p_j}; \ p'_j \in B_{M,p'_j}; \ s'_j = s_j - \beta_j; \ j = 1, 2, \cdots, m) \end{aligned} \tag{2.12}$$

式（2.12）将相对位置信息 k_j、h_j 还原到分别以 p_j 和 p'_j 为邻域中心的图像上，其中 R 为最终的稠密结果集合，s_j 为原匹配点间的匹配分数（这里为匹配点之间的相似度），s'_j 为稠密化后的匹配点分数，β_j 是关于 $\mathrm{Sim}(k_j,h_j)$ 的分数因子，用来平衡新增匹配点对间的相似度。综上，匹配集合 $S=\{p,p',s\}$ 的稠密化计算为：

$$\bigcup_i R_{ij} = C\left\{F_m\left(\mathrm{Sim}\left[T_\alpha(B_{N,p_i}),T_\alpha(B_{M,p'_i})\right]\right)\right\} \quad (i=1,2,\cdots,n\ ;j=1,2,\cdots,m) \tag{2.13}$$

结合上述理论部分的描述，给出本节方法的伪代码如下：

输入： 待匹配图像 I 与目标匹配图像 I'。

输出： 匹配集合 $\bigcup_i R_i=\{p_i,p'_i,s'_i\}$。

初始化： 根据图像大小设置降采样因子 α，对像对 I 与 I' 进行降采样处理，通过 Deep Matching 方法获得匹配点集 $S=\{p,p',s\}$，并采用 RANSAC 方法剔除外点。

步骤 1： $V(S)\to(N,M,\mathrm{pos}_i)$ 确定合适的邻域大小与邻域中心。

步骤 2： 提取 I 与 I' 的 HOG 描述符。

步骤 3：

While(S[i])

（1）$\mathrm{T}\left(\mathrm{B}_{\mathrm{N,p_i}}\right)\to\mathrm{B}_{\mathrm{N,p_i}},\mathrm{T}\left(\mathrm{B}_{\mathrm{M,p'_i}}\right)\to\mathrm{B}_{\mathrm{M,p'_i}}$

（2）$\mathrm{Sim_i}=\mathrm{B}_{\mathrm{N,p_i}}\otimes\mathrm{B}_{\mathrm{M,p'_i}}$

（3）$\mathrm{Sim}\left[\mathrm{k}_{1,2,\cdots,m},\mathrm{h}_{1,2,\cdots,m}\right]=\mathrm{F_m}\left[\mathrm{Sim}\left(\mathrm{B}_{\mathrm{N,p_i}},\mathrm{B}_{\mathrm{M,p'_i}}\right)\right]$

（4）For　j<m

$\mathrm{R_{ij}}=\mathrm{C}\left[\mathrm{Sim}\left(\mathrm{k_j},\mathrm{h_j}\right)\right]$

End

（5）i++

End

步骤 4： 返回稠密匹配集合 $\bigcup_i R_i=\{p_i,p'_i,s'_i\}$。

2.1.3 实验结果与分析

为了验证本方法的有效性，选择在主频为 3.8GHz 的 CPU 及 8GB 的内存上进行实验。采用 VS2013 开发工具，结合 Opencv 3 及 Intel MKL 库进行编码，分别在 Mikolajczyk[16]、MPI-Sintel[17]、Kitti[18]数据集上进行实验，并与 Deep Matching 方法的实验结果进行比较分析。

1. 实验结果

为了方便比较，采用 Deep Matching（DM）方法匹配降采样后的像对得到稀疏匹配结果，以此作为本节方法的输入，将本节方法的输出与直接利用 DM 方法的结果进行比较。实验中，令降采样因子 α=0.5，并给出 Mikolajczyk 及 Mpi-Sintel 数据集中四组具有代表性数据的实验结果（见图 2.2）：图 2.2（a）和图 2.2（b）分别为待匹配图像和目标匹配图像；图 2.2（c）和图 2.2（d）为采用 DM 方法直接匹配获得的结果；图 2.2（e）和图 2.2（f）为降采样因子 α=0.5 时，经过 RANSAC 方法处理的 DM 匹配结果；图 2.2（g）和图 2.2（h）为采用本节方法对图 2.2（e）和图 2.2（f）中匹配点集进行稠密匹配的结果。

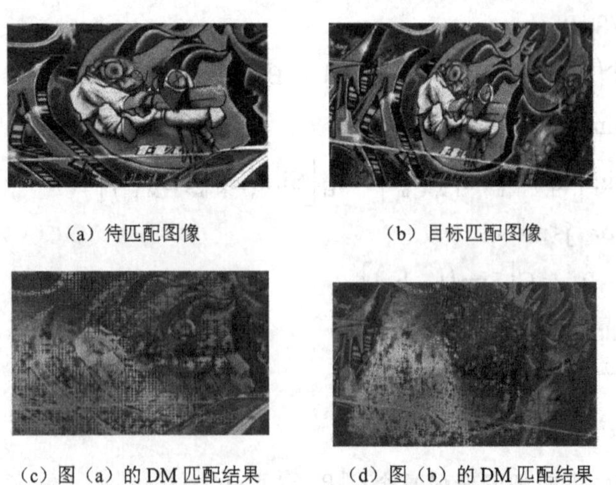

（a）待匹配图像　（b）目标匹配图像

（c）图（a）的 DM 匹配结果　（d）图（b）的 DM 匹配结果

图 2.2　宽基线影像匹配结果对比

（e）图（a）的降采样匹配结果

（f）图（b）的降采样匹配结果

（g）图（e）的稠密匹配结果

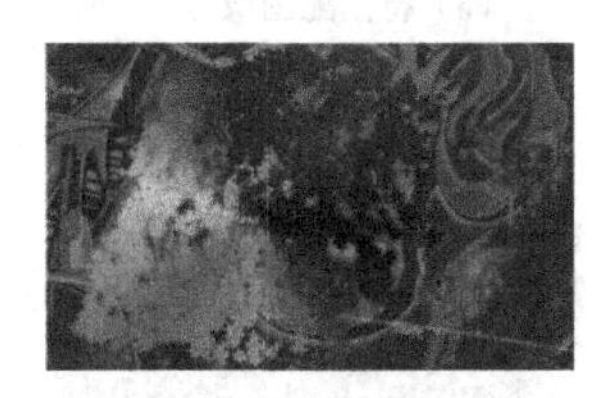

（h）图（f）的稠密匹配结果

图 2.2　宽基线影像匹配结果对比（续）

在图 2.2 的宽基线像对匹配中，图 2.2（c）与图 2.2（d）存在明显的外点，图 2.2（e）和图 2.2（f）中明显剔除了大部分外点。对图 2.2（e）和图 2.2（f）应用本节方法得到图 2.2（g）和图 2.2（h），虽然图 2.2（g）和图 2.2（h）在分布上不如图 2.2（c）和图 2.2（d）均匀（受制于α），但这两幅图中的匹配点集明显比图 2.2（c）和图 2.2（d）中的更为稠密。图 2.3 为具有重复纹理的宽基线像对匹配结果对比，图 2.3（d）中左侧绿色的匹配点（箭头所指部分）为外点，图 2.3（e）和图 2.3（f）虽然拥有更少的外点，但在图像的左侧仍然存在部分蓝色的外点（箭头所指部分），这也使图 2.3（g）和图 2.3（h）对图 2.3（e）和图 2.3（f）中的外点进行了稠密匹配。图 2.4 为一组针对旋转与缩放中具有重复纹理的像对匹配结果，图 2.4（e）和图 2.4（f）与图 2.4（c）和图 2.4（d）的匹配结果相比，本节方法获得的匹配点集在颜色总体分布上与采用 DM 方法的一致，且匹配点间的空洞更少，因此在查全率上明显优于 DM 方法。图 2.5 中存在非刚体形变，图 2.5（g）和图 2.5（h）与图 2.5（c）和图 2.5（d）相比，不同颜色对应目标中的不同区域分布总体一致，且拥有更为稠密的匹配点。

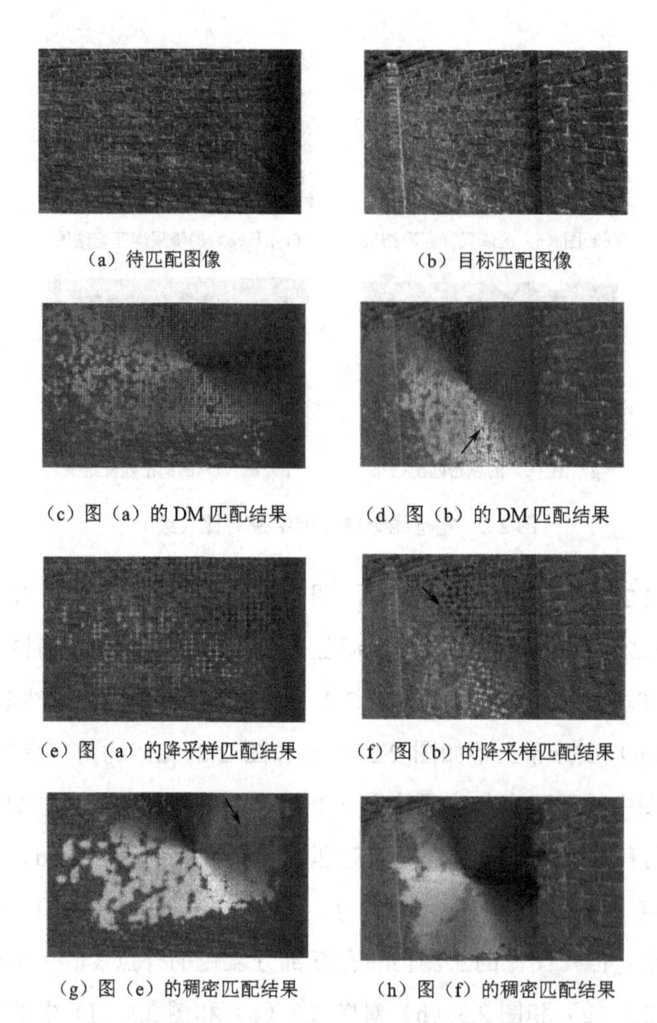

（a）待匹配图像　（b）目标匹配图像

（c）图（a）的 DM 匹配结果　（d）图（b）的 DM 匹配结果

（e）图（a）的降采样匹配结果　（f）图（b）的降采样匹配结果

（g）图（e）的稠密匹配结果　（h）图（f）的稠密匹配结果

图 2.3　具有重复纹理的宽基线影像匹配结果对比

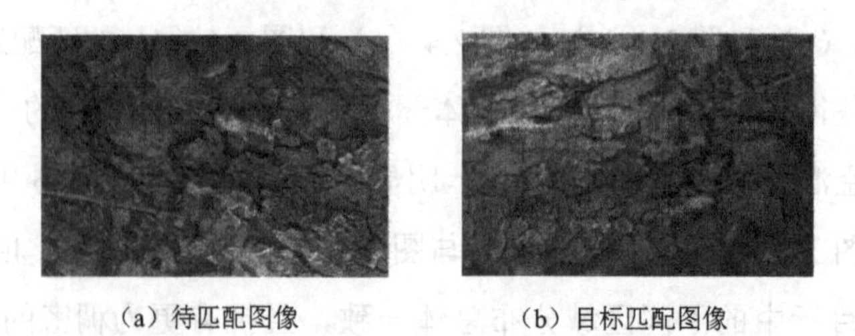

（a）待匹配图像　（b）目标匹配图像

图 2.4　旋转与缩放中重复纹理匹配结果对比

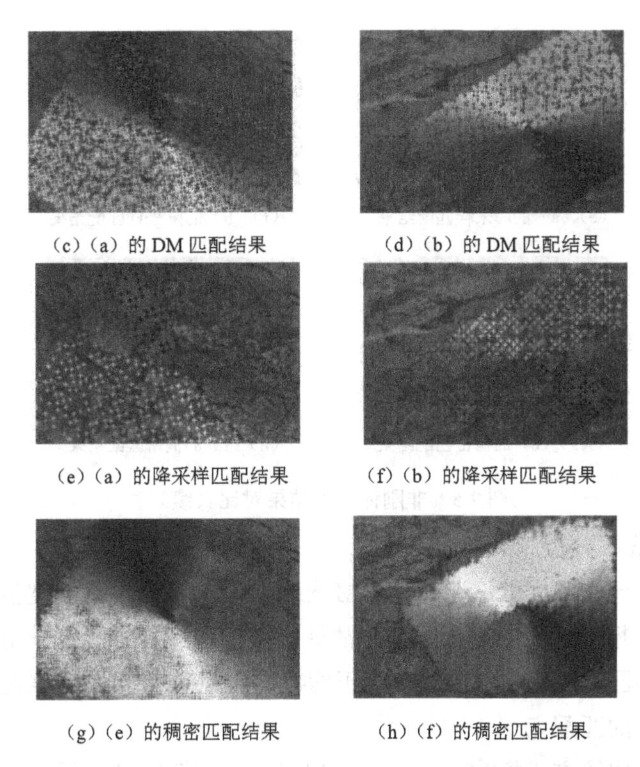

（c）（a）的 DM 匹配结果　（d）（b）的 DM 匹配结果

（e）（a）的降采样匹配结果　（f）（b）的降采样匹配结果

（g）（e）的稠密匹配结果　（h）（f）的稠密匹配结果

图 2.4　旋转与缩放中重复纹理匹配结果对比（续）

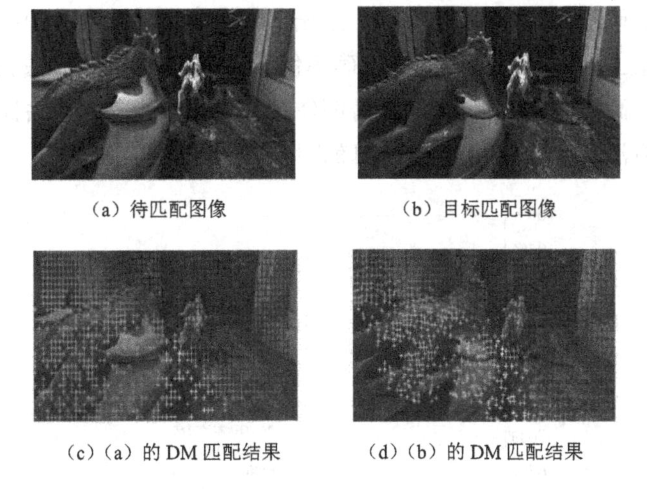

（a）待匹配图像　（b）目标匹配图像

（c）（a）的 DM 匹配结果　（d）（b）的 DM 匹配结果

图 2.5　非刚体匹配结果对比

(e)(a)的降采样匹配结果

(f)(b)的降采样匹配结果

(g)(e)的稠密匹配结果

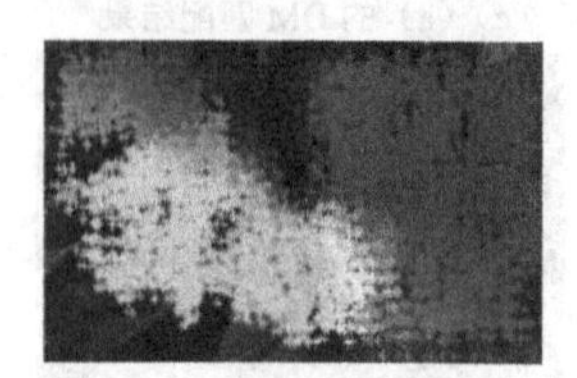
(h)(f)的稠密匹配结果

图 2.5 非刚体匹配结果对比(续)

2. 准确率分析

为了统一比较标准，选择与 DM 相同的比较方法。由于宽基线影像存在一些难以精确匹配的模糊区域，故像素点的匹配位置允许一定的误差，即如果目标匹配图像中的像素点到正确数据的距离小于 8 像素则认为该像素点为正确的匹配点。

按上述比较方式将 Mikolajczyk、MPI-Sintel 和 Kitti 数据集上的 DM 方法与本节方法的准确率对比如图 2.6 所示。图 2.6 中，实线为本节方法在数据集上的准确率曲线，虚线为 DM 方法在数据集上的准确率曲线。显然，在各数据集上，本节方法得到的准确率优于直接应用 DM 方法获得的准确率，平均提高约 10 个百分点。随着图像尺寸的增长，外点所占比例越来越少，本节方法准确率曲线的斜率也随之增长并趋于饱和。

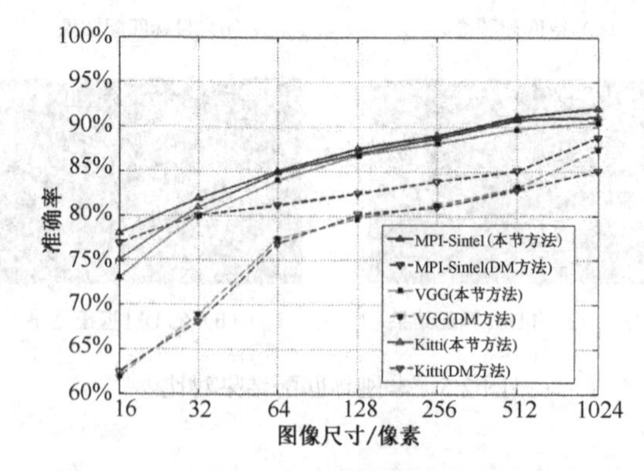

图 2.6 DM 和 FDM 在数据集上的准确率对比

3. 时空效率分析

为评估本节方法的时间与空间效率，分别在 Mikolajczyk、MPI-Sintel、Kitti 数据集上采用相同大小且宽高比为 4:3 的像对进行实验，并分别在图 2.7～图 2.9 中绘制了 α=0.5 时，DM 方法及本节方法的内存与时间资源使用情况。图 2.7～图 2.9 中，左侧纵坐标为方法执行内存的使用情况，右侧纵坐标为方法执行时间的使用情况，横轴为匹配图像的宽度。方块虚线为 DM 方法的内存使用情况，圆点虚线为 DM 方法的执行时间，方块实线为本节方法的内存使用情况，三角形实线为本节方法的执行时间。

图 2.7 中图像尺寸选择为 16～128 像素时，内存使用情况较为接近；而图像尺寸为 128～1024 像素时，内存需求的差距不断增大。在图像尺寸选择为 16～256 像素时，运行时间近似；而图像尺寸从 256 像素开始，时间曲线的斜率明显增加。由此可见，与 DM 方法相比本节方法的执行时间大为减少。图 2.8 中，图像尺寸选择为 16～64 像素时，内存使用情况的差距不明显；而图像尺寸选择为 64～1024 像素时，方法执行时内存需求间的差距迅速增加。从方法执行时间曲线上看，图像尺寸选择为 16～512 像素时，时间差距比较稳定；当图像尺寸选择为 512～1024 像素时，本节方法获得了明显的优势。图 2.9 中，图像尺寸选择为 16～128 像素时，内存需求比较接近；在图像尺寸达到 128～1024 像素时，内存需求间的差距稳步增长。在时间曲线中，图像尺寸选择为 16～512 像素时，本节方法优势明显，而图像尺寸选择为 512～1024 像素时，本节方法优势最为明显。

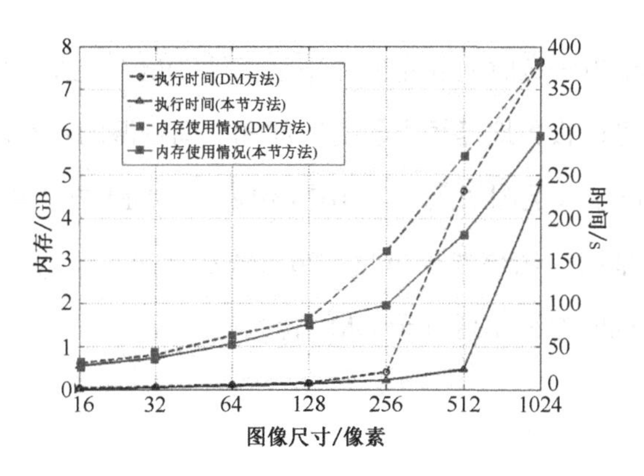

图 2.7　Mikolajczyk 数据集上内存与时间使用对比

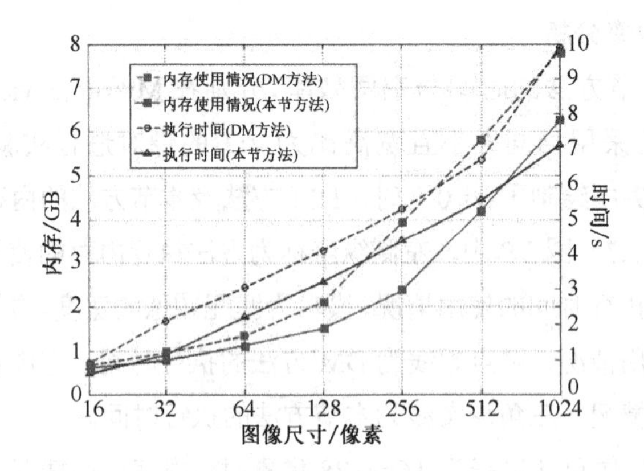

图 2.8 MPI-Sintel 数据集上内存与时间使用对比

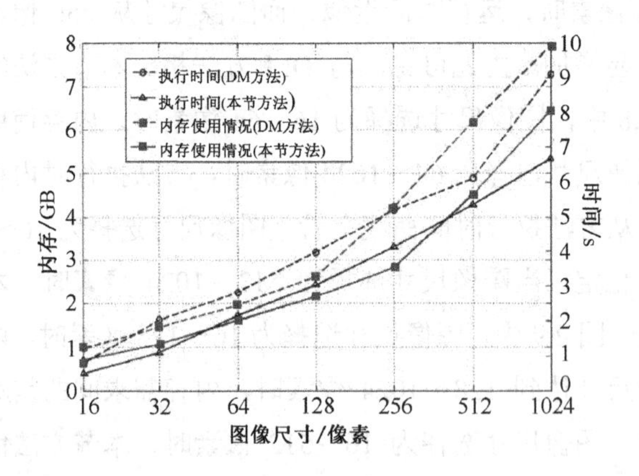

图 2.9 Kitti 数据集上内存与时间使用对比

综上，本节方法在时间和空间效率上优于 DM 方法，尤其是在处理大尺寸图像时，可以极大地缩短方法对时间和空间资源的消耗。

表 2.1 给出了匹配图像尺寸为 1024 像素时，DM 方法与本节方法内存与时间的使用情况。由该数据可见本节方法在 Mikolajczyk、MPI-Sintel、Kitti 数据集上的时空效率皆优于 DM 方法。

表 2.1　DM 方法与本节方法在数据集上的资源使用

方　法	Dataset	Mikolajczyk	MPI-Sintel	Kitti
DM 方法	内存/GB	7.67	7.83	7.93
	时间/s	378.53	9.71	9.23
本书方法	内存/GB	5.91	6.25	6.45
	时间/s	243.21	7.12	6.67

4. 参数的影响

为了评估α对实验结果的影响，表 2.2 给出了参数α对内存、时间及稠密度的影响。

表 2.2　参数 α 对内存、时间及稠密度的影响

α	内存/GB	时间/s	稠密度/pt
1	7.93	9.23	0.125
0.8	7.51	8.31	0.153
0.6	6.93	7.39	0.137
0.5	6.45	6.47	0.119
0.4	5.92	5.65	0.096

考虑本节方法在 Mikolajczyk 数据集与 MPI-Sintel、Kitti 数据集上处理时间差异较大的情况，且为方便比较，故在 Kitti 数据集上进行实验，并取实验结果的中位数作为表 2.2 中的数据。由表 2.2 可见，当α取 0.5～0.6 时，方法的执行时间与内存使用的情况均较低，并且能够保持较高的稠密度。

2.2　平滑约束与三角网等比例剖分像对稠密匹配方法

拍摄场景与摄像机距离较远时，可以将远处的场景近似成一个平面，如从卫星上拍摄的地面景物即满足这样的条件，常采用这类照片进行影像

融合、超分辨率重建等应用，首先需要对照片进行稠密匹配，建立像素点间的对应关系。通过匹配点计算出的变换矩阵，虽然可以通过 RANSAC 等方法剔除部分外点，但目前依然没有一种方法可以完全提纯准确的内点。如果匹配点中的部分匹配点出现偏差，会造成仿射变换矩阵估计不准确的问题，从而影响后续对高级图像的处理。为了避免该问题，本节提出了一种平滑约束与三角网等比例剖分像对稠密匹配的方法，其目的是避免由于某些局部外点造成仿射变换矩阵估计不准确，影响整体平面稠密匹配准确率的问题。图 2.10（d）为图 2.10（a）经过碴切变换得到的图像，图 2.10（b）为图 2.10（a）与图 2.10（d）的 SURF 特征点匹配结果，通过该结果估计仿射变换矩阵 $\boldsymbol{H}$，并通过 $\boldsymbol{H}$ 将图 2.10（d）变换得到图 2.10（c）。由图 2.10 可见，由于所有匹配点较为准确，则图 2.10（c）与图 2.10（a）基本一致。对图 2.10（b）中的一对特征点进行微小调整（RANSAC 方法无法排除外点），由图 2.10（e）估计仿射变换矩阵 $\boldsymbol{H}$ 后，通过 $\boldsymbol{H}$ 将图 2.10（d）变换得到图 2.10（f），图 2.10（f）与图 2.10（a）的差异较大，可见这种微小的误匹配将对全局造成影响。

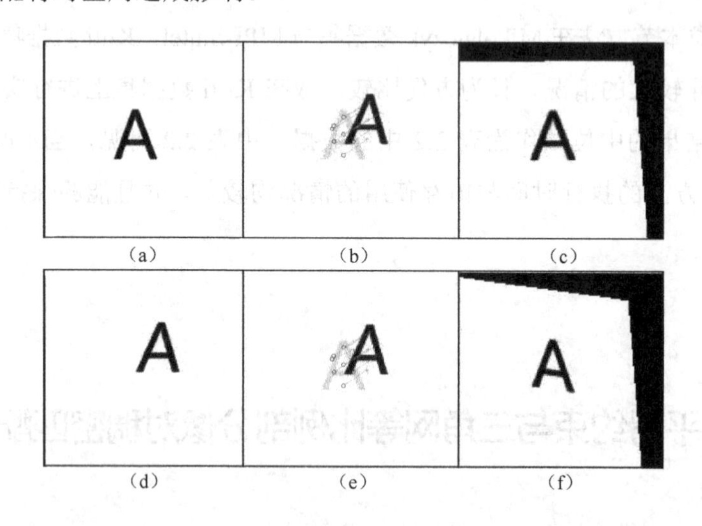

图 2.10　匹配点估计仿射变换矩阵存在的问题

影响稠密匹配实用性的主要指标包括方法的复杂度、鲁棒性、匹配准确率及匹配稠密度等，而如何克服外部条件的影响，快速获得准确且稠密的匹配结果是该任务的研究难点。稠密匹配主要以稀疏匹配为基础进行稠密化，稀疏特征匹配方法如 SIFT[19]、SURF[20]、ORB[21]、SR[22]、LIOP[23]、TMBR[24]等，旨在提高特征描述符的不变性并改善定位；而最新提出的 LIFT[25]方法，通过建立 Siamese 网络训练框架，采用从描述子[26]、方向估计、特征点检测的训练策略获得更为稠密的稀疏匹配点。通常采用上述稀疏匹配方法获得的匹配点对存在较多误匹配点，提纯特征匹配结果中的内点依然存在困难，传统的解决方法如 RANSAC[27]、TCH[28]、VFC[29]等，虽然剔除了部分外点，提高了准确率，但同时也降低了特征匹配的整体速度。Bian 等人[30]于 2016 年提出一种 GMS 方法，运用网格平滑运动约束方法，可以在完成局部不变点特征匹配的同时剔除外点，从而能够在保证匹配准确率的同时提高处理速度。然而，由于该方法受到网格参数取值及边界条件的制约，从而降低了该方法获得稀疏匹配点的数量，影响后续的稠密匹配工作。如图 2.11（a）所示，由于网格参数取值不同，实线方格内的特征点数不足以支持一致性的判定，而在实线虚线方格内，一致性判定则成立。

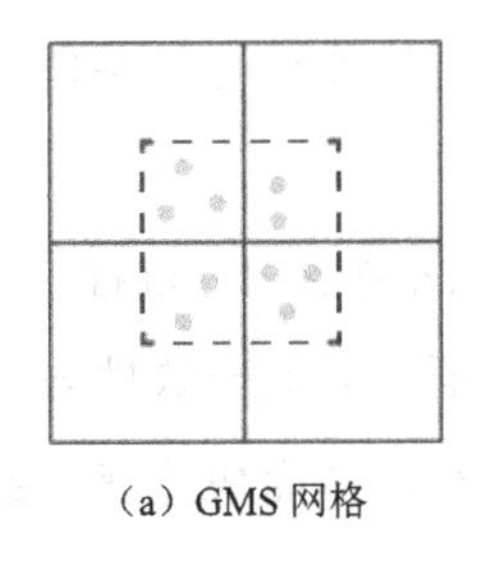

（a）GMS 网格

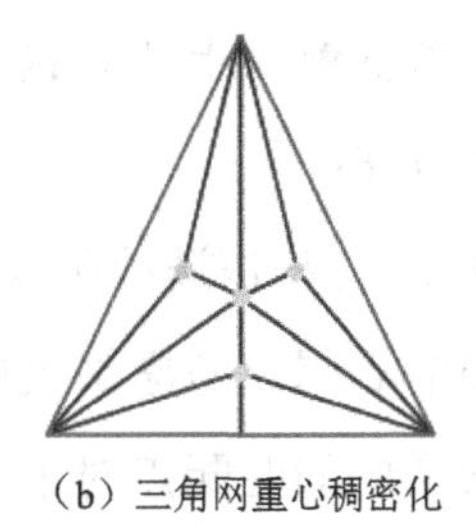

（b）三角网重心稠密化

图 2.11　存在的问题

剔除稀疏匹配的外点后，可以以当前内点集为基础进行稠密匹配的工作。Barnes 等人[9]为了增强图像边缘的平滑约束力，给出了一种 PatchMatch 方法，巧妙地利用图像中与边缘部分最为匹配的其他区域来填补图像边缘。通过随机初始化，只要有一个 Patch 匹配正确，就可以传播给周围的 Patch，通过迭代，最终对所有的 Patch 都找到最相似的匹配，然而比较每个 Patch 导致其时间利用率低下。Revaud 等人[31]于 2016 年提出了 Deep Matching 方法，该方法的优势在于对连续性约束和单调性约束的依赖性不强，由于其利用金字塔体系结构逐步校验每层获得的稠密化结果，因此时间复杂度高，运算时间长。文献[33]提出一种近景影像三角网内插点密集匹配方法，该方法认为在理想状态下，同名三角形的重心即为同名点，后续再经过彩色信息相似性约束和极线约束筛选。该方法对于视差变化小的近景影像，或者视频序列影像效果较为理想，对于视差变化较大的近景影像难以适用。针对上述问题，文献[34]中提出一种简单有效的迭代三角网约束的近景影像密集匹配方法。该方法以初始同名点构建的 Delaunay 三角网作为匹配基础，以左影像三角形重心作为匹配基元，综合多重约束确定右影像上的同名点。迭代过程中整体构网，以三角形面积为间接约束，以是否有新的同名点产生为直接约束作为迭代停止的条件，取得较好的密集匹配结果。该方法存在的问题如图 2.11（b）所示，对三角网迭代求解两次中心后，三角网交点处的像素点将无法在后续求解决过程中完成稠密匹配，随着迭代次数的增加，未能匹配像素的数量会越来越多，从而降低了匹配稠密度。

本节从两个方面解决上述问题，为了快速获得足够稠密的匹配结果，提出如下创新性方法：

（1）针对 GMS 这种快速稀疏匹配方法网格划分过程中存在的问题，采用密度估计聚类的思想，考虑聚类中特征点对的一致性与平滑性，并利用积分图加速对聚类中的匹配点对进行扩充，从而快速获得数量更多的同名点集。

（2）证明了仿射变换条件下三角网等比例剖分的性质，利用该性质分别计算两幅待匹配图像中对应三角网内部等比例点的位置，通过这些等比例点校验两个三角形区域的相似性，以此进一步剔除外点并获得内点集，并计算稠密匹配点的位置，作为最后的稠密匹配结果。

2.2.1 密度聚类平滑约束提纯内点

特征点匹配方法原理如图 2.12（a）和图 2.12（b）所示。其中图 2.12（a）为源图像，图 2.12（b）为目标图像，（N_i, M_i）与（N_j, M_j）分别为正确匹配与错误匹配点对，圆周间为对应匹配点的邻域，显然在（N_i, M_i）的邻域中有足够多的特征点与（N_i, M_i）具有近似的运动趋势，而在（N_j, M_j）的邻域中不存在与其运动趋势相似的特征点。方法的实现过程如下：

首先以从源图像 I_s 中获得的每个 ORB 特征点 N_i 作为邻域中心，采用积分图计算其邻域（Neighbourhood of N_i）中密度直达的特征点数目。其中，图 2.13（a）中的深色中心特征点到其邻域范围内的特征点密度直达，到圆周外的深色特征点非密度直达。密度直达的定义式如下：

$$f\left(N_i, N_j\right)=\begin{cases}1 & \text{if distance}(N_i, N_j)\leqslant\varepsilon \\ 0 & \text{else}\end{cases} \quad (i \neq j) \tag{2.14}$$

式中，ε 为邻域半径。图 2.13（b）中圆周是以 N_i 为中心的邻域，浅色矩形为邻域的实际区域，黑色方块标记邻域中 N_i 密度直达的特征点。式（2.15）给出了 N_i 邻域中密度直达的特征点数。

$$C_{N_i}=\iint_{D(x,y)+A(x,y)-B(x,y)-C(x,y)} f\left(x, y\right) \mathrm{d}x\mathrm{d}y \tag{2.15}$$

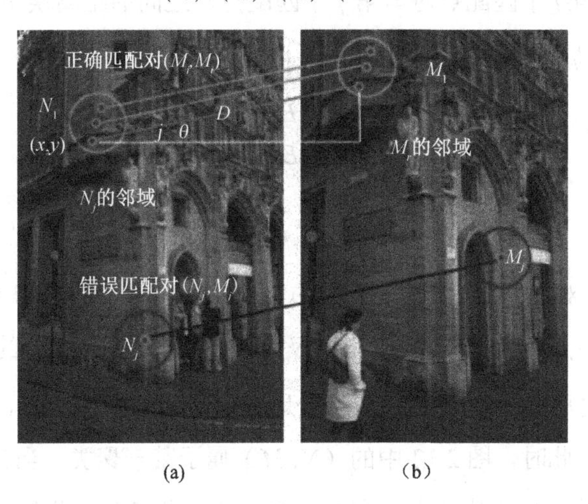

(a)　　　　　　　　(b)

图 2.12　方法原理图

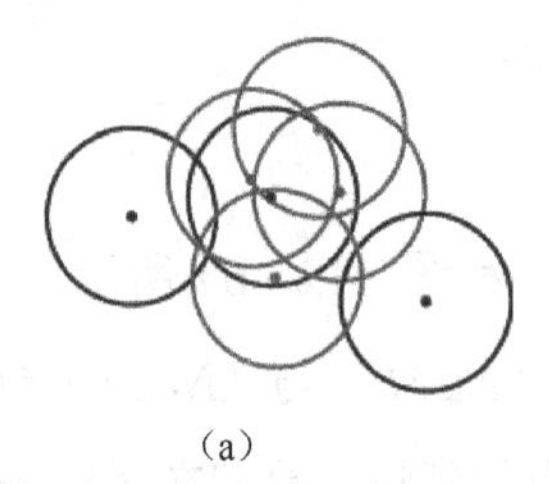
(a)

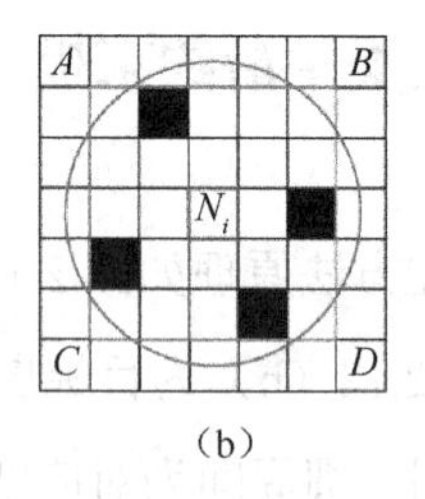

(b)

图 2.13 密度直达的定义和计算

式中，C_{Ni} 为特征点 N_i 所确定的邻域内密度直达特征点数目；$A(x,y)$、$B(x,y)$、$C(x,y)$、$D(x,y)$ 分别为以图像原点为左上角，图 2.13（b）中对应的点 A、B、C、D 为右下角区域。提取目标图像 I_T 中的 ORB 特征点获得集合 T，基于汉明距离将 S 中的特征点与 T 中的特征点进行匹配，获得匹配点集合 $\psi=\{\psi_1,\psi_2,\cdots,\psi_n\}$，其中 $\psi_i=(N_i,M_i)$ 表示第 i 个匹配点对且 $C_{N_i}\geqslant\chi$（χ 为阈值）。

分别对每个 ψ_i 计算图 2.12 中所示的距离 D，偏移角 θ 与 N_i 的位置共同作为密度估计聚类（DEC）距离度量项 $R_i=[D_i,\theta_i,x_{N_i},y_{N_i}]$，则匹配点对之间的 DEC 距离误差项 E 定义为式（2.16）。

$$E_{ij}=\sqrt{(D_i-D_j)^2+(\theta_i-\theta_j)^2+(x_i-x_j)^2+(y_i-y_j)^2}\quad (i,j=1,2,\cdots,n;\ i\neq j)\tag{2.16}$$

式中，E_{ij} 为第 i 个匹配点对与第 j 个匹配点对之间的距离误差项。匹配点对之间的 $E(R_i,R_j)$ 共同组成距离误差矩阵 $\boldsymbol{M}_{n\times n}$。

$$\boldsymbol{M}_{n\times n}=\begin{pmatrix}0 & E_{12} & \cdots & E_{1n}\\ E_{21} & 0 & \cdots & E_{2n}\\ \vdots & \vdots & & \vdots\\ E_{n1} & E_{n2} & \cdots & 0\end{pmatrix}\quad (E_{ij}=E_{ji},i\neq j)\tag{2.17}$$

$\boldsymbol{M}_{n\times n}$ 为对称矩阵，在 $\boldsymbol{M}_{n\times n}$ 的基础上进行 DEC 得到聚类集合 $C=\{C_1,C_2,\cdots,C_k\}$，其中 $C_i=\bigcup_{j=1}^{m_i}(N_{ij},M_{ij})$，$m_i$ 为聚类 i 中的特征点对数目。最后根据平滑性约束条件来决定是否对得到的聚类集合 C 中的匹配点对进行扩充。此时，图 2.12 中的（N_i,M_i）属于某一聚类，当其邻域中的密度直达且匹配成功的特征点对数量 m 大于或等于 δ 时，我们认为它们具有相同的运动趋势。根据式（2.18）对这些具有相同运动趋势的特征点进行判断，将符合条件的特征点对集合 $P_i = \bigcup_{t=1}^{m_i}\left(N_{it}, M_{it}\right)$ 加入正确匹配中。

$$\left\|\frac{1}{m}\sum_{j=1}^{m}\left(E_{ij}-\mu\right)^2-\varepsilon\right\|_i \geqslant \alpha,\ \ \mu=\frac{2}{n(n-1)}\sum_{i=1}^{n}\sum_{j=i+1}^{n}E_{ij} \tag{2.18}$$

式中，E_{ij} 为 $\left(N_i, M_i\right)$ 与其邻域中 $\left(N_j, M_j\right)$ 的距离误差项；ε 为邻域半径；α 为经验值，最终获得如下稀疏匹配特征点集合：

$$A=\bigcup_i\left\{\left(N_i, M_i\right)\bigcup P_i\right\} \quad \left(N_i, M_i\right)\in C \tag{2.19}$$

2.2.2　三角网等比例剖分稠密匹配

文献[35]利用三角网剖分和仿射约束计算同名匹配点，其方法为产生泊松分布的抽样点构造左右图三角网，计算每个对应三角网的仿射变换矩阵 $\boldsymbol{H}$，利用该矩阵通过泊松分布的抽样点利用每个 $\boldsymbol{H}$ 计算与左图网内对应的像点位置，利用半径 R 计算最终的匹配点。该方法由于采用泊松抽样方法得到孤立种子点，需要利用拓扑约束及边长和角度约束进行外点提取，同时由于需要计算每个三角网的仿射变换矩阵 $\boldsymbol{H}$，并对每个抽样点进行仿射变换操作，从而降低了该方法的处理速度。本节给出一种三角网等比例剖分稠密匹配方法，无须计算每个三角网的仿射变换矩阵，具体原理证明如下。

假设 I_1 和 I_2 为一对待匹配的图像，我们通过上面提出的匹配方法，将获得的特征点集合作为输入，输出 Delaunay 三角网中三角形 $\mathrm{Tri}_1 \in I_1$ 的顶点索引，依据索引号构建 I_2 上的 Delaunay 三角网。三角形的每个顶点都代表一个局部特征点 ，每条边都是由一对特征点及这一特征点对间的连线构成的。在大多数情况下，I_1 中第 i 个三角形 $\mathrm{Tri}_1^{\,i} \in I_1$ 与 I_2 中第 i 个三角形 $\mathrm{Tri}_2^{\,i} \in I_2$ 在仿射变换 τ 下是一对相似三角形。

该方法的关键理论是根据图形的仿射变换性质，即图形在两个方向上任意伸缩变换，仍然可以保持原来的线共点、点共线关系不变。而且平面上三角形的重心具有仿射不变性。如图 2.14 所示，△OPQ 发生仿射变换后形成△$O'P'Q'$，则三角形重心 C 和 C'与边上等比例点 A 和 A'在变换 C 下是对应的，而 AC 和 AC'上的等比例点 D 和 D'仍然具有对应关系，证明过程如下：

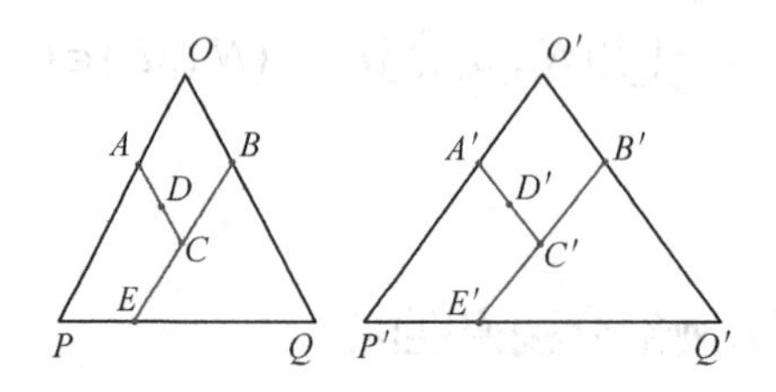

图 2.14　仿射变换下的图形

已知：假设$\overrightarrow{OP}$为I_1中的矢量，$\overrightarrow{O'P'}$为I_1经仿射变换τ获得I_2中对应的矢量，比例参数$\lambda \in (0 \cdots 1)$，则有$\tau(\overrightarrow{OP}) = \overrightarrow{O'P'}$。令$\overrightarrow{OA} = \lambda \overrightarrow{OP}$，$\overrightarrow{O'A'} = \lambda \overrightarrow{O'P'}$，$\overrightarrow{AD} = \lambda \overrightarrow{AC}$，$\overrightarrow{A'D'} = \lambda \overrightarrow{A'C'}$。

证明：$\tau(\overrightarrow{AD}) = \overrightarrow{A'D'}$

$\because \tau(\overrightarrow{OA}) = \tau(\lambda \overrightarrow{OP}) = \lambda[\tau(\overrightarrow{OP})] = \lambda \overrightarrow{O'P'} = \overrightarrow{O'A'}$

$\therefore \tau(\overrightarrow{OA}) = \overrightarrow{O'A'}$

$\therefore A$ 与 A'匹配

$\because C$ 与 C'匹配，则有$\tau(\overrightarrow{AC}) = \overrightarrow{A'C'}$

$\because \overrightarrow{AD} = \lambda \overrightarrow{AC}$，$\overrightarrow{A'D'} = \lambda \overrightarrow{A'C'}$

同理：$\tau(\overrightarrow{AD}) = \overrightarrow{A'D'}$

$\therefore D$ 与 D'匹配

同理，当 B 与 E 分别是 OQ 边和 PQ 边的等比例点时，则有 CB 和 CE 上的等比例点分别对应于 $C'B'$和 $C'E'$上的等比例点。令△OPQ 的顶点坐标分别为(x_o, y_o)、(x_p, y_p)、(x_q, y_q)，则 OP 边上第$\frac{i}{n}$个等比例点坐标为：

$$x_n{}^i = x_o - \frac{x_o - x_p}{n} \tag{2.20}$$

$$y_n{}^i = y_o - \frac{y_o - y_p}{n} \tag{2.21}$$

$\triangle OPQ$的重心公式：

$$x = \frac{x_o + x_p + x_q}{3}$$

$$y = \frac{y_o + y_p + y_q}{3}$$

已经证明这些等比例点在仿射变换下的对应性，为了快速实现像对的稠密化工作，首先获取三角形区域$\mathrm{Tri}_1{}^i \in I_1$及对应三角形区域$\mathrm{Tri}_2{}^i \in I_2$边上的等比例点和三角形重心，然后计算重心与等比例点 D 连线上的等比例点 D'的坐标和 RGB 值。由于稀疏点对可能存在不正确匹配，为了保证初始 Delaunay 三角网的准确性，通过剔除相似性低的三角网来进行稀疏匹配点集的再次提纯。此时，在两幅图像上根据这些特征点重新构造三角网，进行等比例点的稠密化。对应三角形相似性度量的计算原理如下：

$$\Omega(p,r) = \left\{ \frac{1}{m} \mathrm{disp}\left[\mathrm{Tri}_1(p), \mathrm{Tri}_2(p)\right] \leqslant r \right\} \tag{2.22}$$

$$\mathrm{disp}\left[\mathrm{Tri}_1(p), \mathrm{Tri}_2(p)\right] = \sum_{j=1}^{m} \sqrt{\begin{matrix}\left[\mathrm{Tri}_1{}^i(p_j)\right]_R - \left[\mathrm{Tri}_2{}^i(p_j)\right]_R^2 + \left[\mathrm{Tri}_1{}^i(p_j)\right]_G - \\ \left[\mathrm{Tri}_2{}^i(p_j)\right]_G^2 + \left[\mathrm{Tri}_1{}^i(p_j)\right]_B - \left[\mathrm{Tri}_2{}^i(p_j)\right]_B^2\end{matrix}}$$

式中，$\mathrm{disp}\left[\mathrm{Tri}_1(p), \mathrm{Tri}_2(p)\right]$为对应三角形区域间的相似性度量值。$\mathrm{Tri}_1{}^i(p_j)$为$I_1$第$i$个三角形区域等分线上第 j 个等比例点的像素值，$\mathrm{Tri}_2{}^i(p_j)$为I_2第 i 个三角形区域等分线上第 j 个等比例点的像素值，m 为该三角形区域内所插入等比例点的数目。结合上述理论部分的描述，给出如下方法处理流程：

输入： 待匹配图像 I_1 与目标图像 I_2；阈值r；等比例点数目 m。

输出： 三角网稠密匹配点的坐标 vertex 。

步骤 1： 在像对I_1与I_2上应用 ORB 方法，快速获得稀疏匹配点集。FP_a 与FP_b。

步骤 2： 遍历点集，筛选出以特征点为中心的邻域中密度直达的特征点

集 $FP_{a'} \in I_1$ 和 $FP_{b'} \in I_2$。

步骤 3：对特征点集 $FP_{a'}$ 和 $FP_{b'}$ 进行密度聚类，计算每对特征点的坐标 (x_i^a, y_i^a)，欧氏距离 D_i 和角度 θ_i，形成集合 $[D, \theta, x^a, y^a]$。

步骤 4：对邻域内的匹配点进行平滑约束，采用 $[\theta, D, x^a, y^a]$ 进行密度聚类（DBSCAN），处理剔除外点，从而得到内点集 $FP_1 \in I_1$ 和 $FP_2 \in I_2$。

步骤 5：构建 I_1 的 Delaunay 三角网，$\text{Tri}_1 = \text{Delaunay}(\text{FP}_1)$。

步骤 6：根据 I_1 的三角网索引，构建 I_2 的 Delaunay 三角网，$\text{Tri}_2 = \text{Delaunay}\left(\text{ReIndex}(\text{Tri}_1, \text{FP}_2)\right)$。

步骤 7：计算三角网 Tri_1 和 Tri_2 中等比例点的坐标：

$\text{Tri}D_1 = F(\text{Tri}_1, m)$；$\text{Tri}D_2 = F(\text{Tri}_2, m)$；$n = \text{size}(\text{Tri}D_1)$。

步骤 8：计算三角网 Tri_1 和 Tri_2 中等比例点的坐标：

$\text{Tri}D_1 = F'(\text{Tri}_1, \text{Tri}C_1, m)$；$\text{Tri}D_2 = F'(\text{Tri}_1, \text{Tri}C_2, m)$；$n = \text{size}(\text{Tri}D_1)$。

步骤 9：三角网中包含 n 个三角形，向每个三角形中插入 m 个等比例点，通过这些等比例点衡量三角形的相似性，进一步优化构成相似三角形的内点集。

```
j = 0;
for i = 1:n
if (disp(TriD1(i), TriD2(i))/ m <r>
TriDa(j)= Tri1(i);
TriDb(j)= Tri2(i);
j++;
End
End
```

步骤 10：根据内点集重新构造 I_1 和 I_2 的三角网：

$\text{Tri}_1 = \text{Delaunay}(\text{Tri}D_a)$；$\text{Tri}_2 = \text{Delaunay}(\text{ReIndex}(\text{Tri}_1, \text{Tri}D_b))$。

步骤 11：重新插入等比例点（同步骤 8），并输出 vertex= [$\text{Tri}D_1$ $\text{Tri}D_2$]。

2.2.3　实验结果与分析

为了验证本方法的有效性，对特征点匹配过程和快速稠密匹配方法分别进行实验。实验在主频为 3.3GHz 的 CPU 及 8GB 内存下进行，选择 MATLAB 作为开发工具，选取 Mikolajczyk[16]中摄影基线较大的三对图像进行本节方法实验。

1. 实验结果

GMS 和 Deep Matching 方法实验参数的选取分别与文献[30]和文献[32]方法相同，此外阈值 r 设为 20，比例点数 m 设置为 100。图 2.15 为本次实验选取的像对，图 2.15（a）与图 2.15（b）为一对具有旋转的宽基线像对，图 2.15（c）与图 2.15（d）是一组具有尺度缩放、旋转、重复纹理的像对，图 2.15（e）与图 2.15（f）是一对具有重复纹理的像对。图 2.16～图 2.18 中，（a）与（b）均为 GMS 的匹配结果，图 2.16（c）与图 2.16（d）是采用本节特征点匹配的实验结果，其中，本节实验结果在方框区域内匹配点的数量明显多于 GMS 匹配结果。图 2.16（e）与图 2.16（f）是通过 Deep Matching 方法得到的匹配结果，本节的稠密匹配方法结果如图 2.16（g）与图 2.16（h）所示，可以明显看到本节实验结果的稠密度高于 Deep Matching 匹配结果。图 2.17 为另一组具有尺度缩放、旋转、重复纹理的像对的实验对比结果，由图可见，采用本节稠密方法得到的匹配结果稠密度不仅高于 Deep Matching 方法的匹配结果，且经过平滑约束与等比例三角网约束后，内点提纯度更高，而在 Deep Matching 的实验结果中则存在明显的外点，如图 2.17（f）右下角区域所示。图 2.18 为另一组具有较高重复纹理像对的实验结果对比，从稠密匹配结果的实验对比上看，由 Deep Matching 方法得到的图 2.18（f）右侧区域存在明显的外点。从图 2.16～图 2.18 总体上看，本节方法的稠密匹配范围没有 Deep Matching 的匹配范围大，主要受限于稀疏匹配点的分布，采用具备更高稀疏匹配性能的方法（如 ASIFT 等）可更好地解决该问题。综合对比这些实验结果，本节提出的方法无论是匹配密度还是准确率，都具有较高水平。

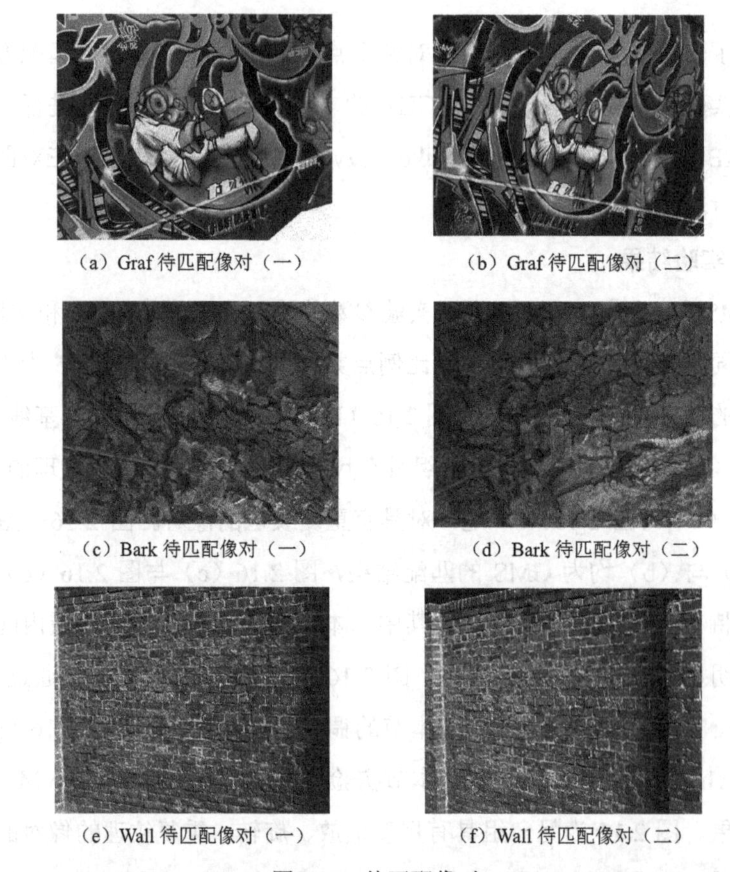

（a）Graf 待匹配像对（一）　（b）Graf 待匹配像对（二）

（c）Bark 待匹配像对（一）　（d）Bark 待匹配像对（二）

（e）Wall 待匹配像对（一）　（f）Wall 待匹配像对（二）

图 2.15　待匹配像对

（a）GMS 匹配结果（一）

（b）GMS 匹配结果（二）

图 2.16　Graf 像对匹配结果

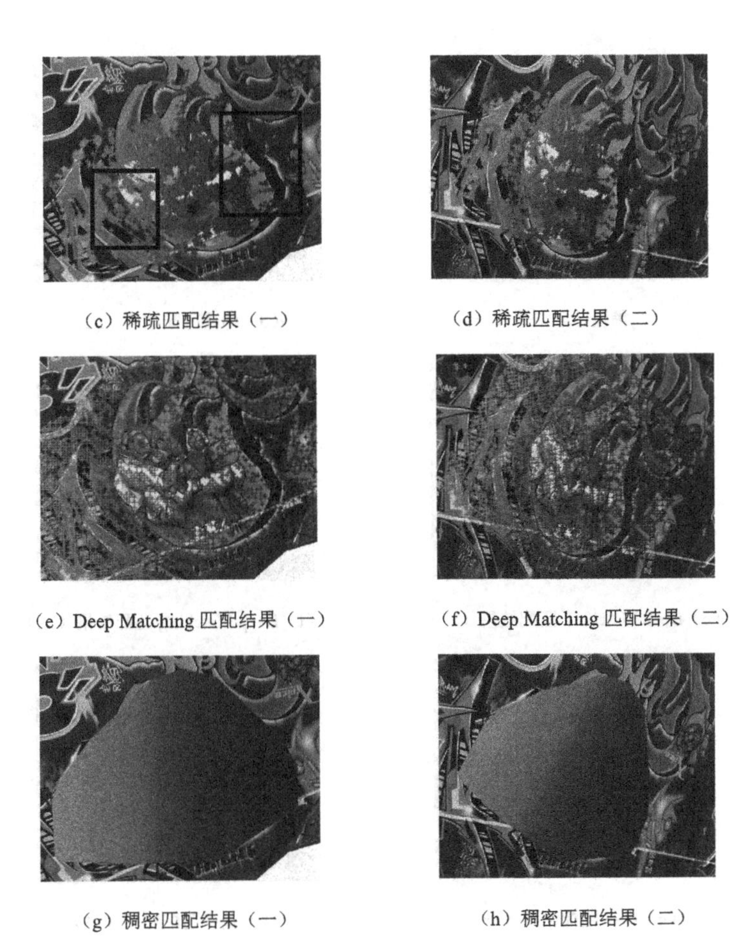

（c）稀疏匹配结果（一）　（d）稀疏匹配结果（二）

（e）Deep Matching 匹配结果（一）　（f）Deep Matching 匹配结果（二）

（g）稠密匹配结果（一）　（h）稠密匹配结果（二）

图 2.16　Graf 像对匹配结果（续）

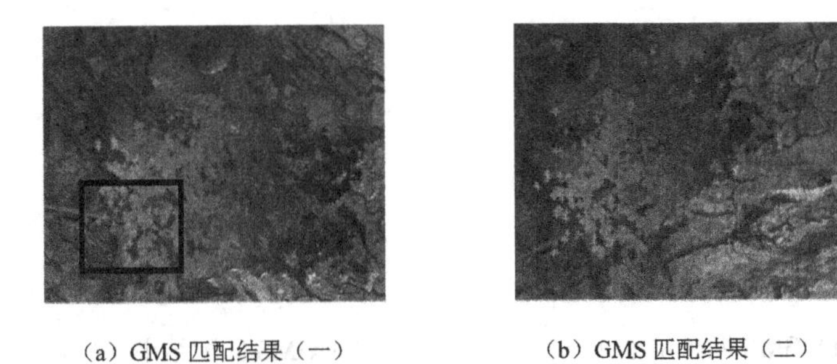

（a）GMS 匹配结果（一）　（b）GMS 匹配结果（二）

图 2.17　Bark 像对匹配结果

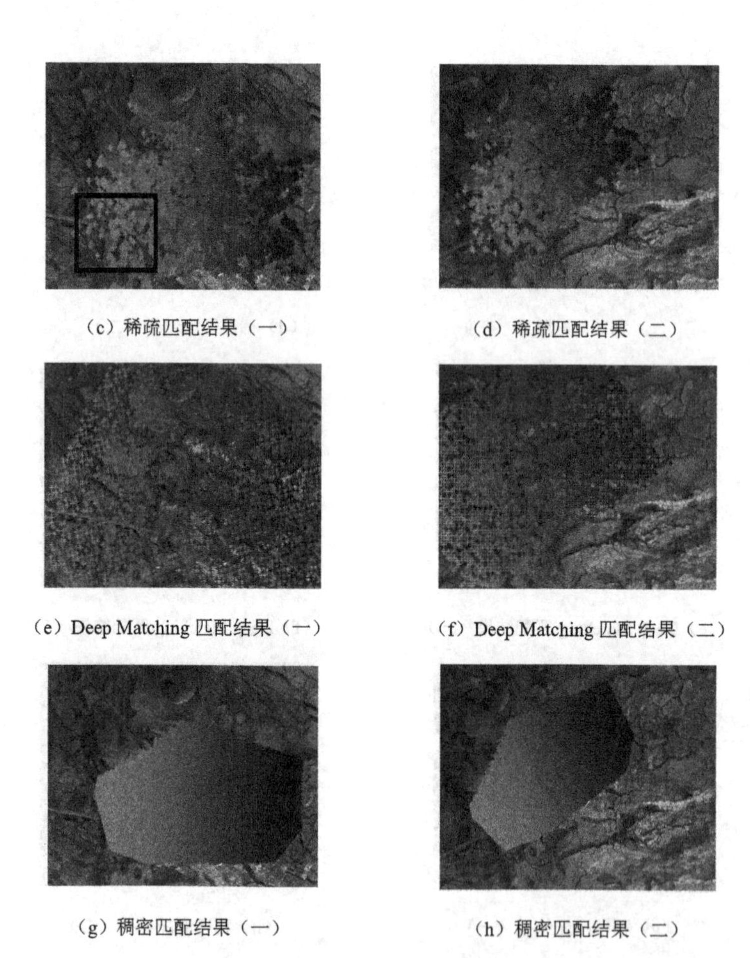

（c）稀疏匹配结果（一）　（d）稀疏匹配结果（二）

（e）Deep Matching 匹配结果（一）　（f）Deep Matching 匹配结果（二）

（g）稠密匹配结果（一）　（h）稠密匹配结果（二）

图 2.17　Bark 像对匹配结果（续）

（a）GMS 匹配结果（一）

（b）GMS 匹配结果（二）

图 2.18　Wall 像对匹配结果

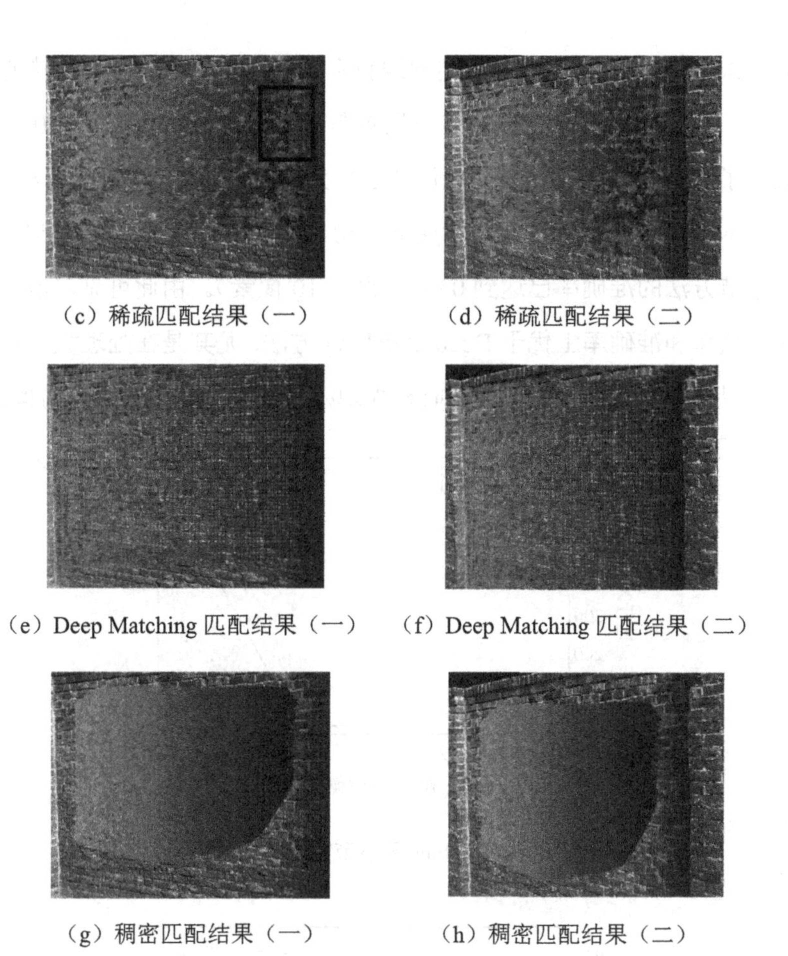

（c）稀疏匹配结果（一）　（d）稀疏匹配结果（二）

（e）Deep Matching 匹配结果（一）　（f）Deep Matching 匹配结果（二）

（g）稠密匹配结果（一）　（h）稠密匹配结果（二）

图 2.18　Wall 像对匹配结果

2. 时间效率分析

实验在四幅不同尺寸的图像上分别应用 Deep Matching 方法和本节方法，对两种方法的执行时间和准确率进行比较。执行时间比较如图 2.19 所示，准确率比较如图 2.20 所示。由图 2.19 可见，Deep Matching 方法的运行时间均高于本节方法，且随着图像尺寸的增加，本节方法的匹配时间增长更慢，远低于 Deep Matching 方法的处理时间。图 2.19 中，图像尺寸为 128～512 像素时两种方法的运行时间差别不大，而图像尺寸增加至 512 像素后，Deep Matching 方法的时间曲线斜率发生明显变化，两种方法的处理时间差距不断增加。图 2.20 中，采用本节方法图像尺寸为 128～1024 像素时获得了较高的准确率，当图像尺寸选择为 256～1024 像素时，与 Deep Matching 方法的准确率差距较为明显且稳定。当图像尺寸增加至 512 像素时，本节方法的准确率已达到 0.9%（误差 10 像素）。由此可见，本节方法在时间效率和准确率上优于 Deep Matching 方法，尤其是在处理大尺寸图像时，可以在保证较高准确率的同时极大地缩短了稠密匹配的处理时间。

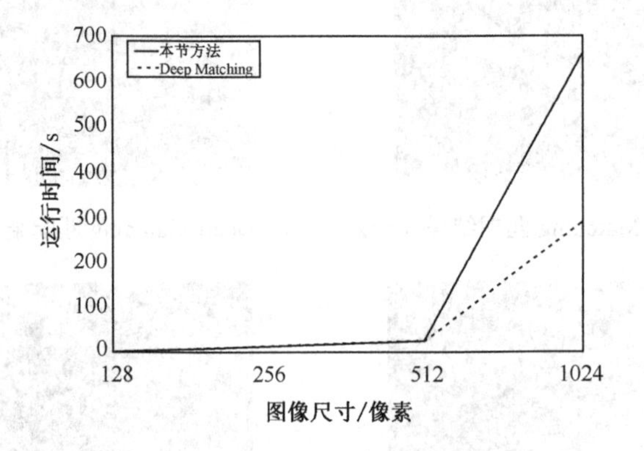

图 2.19　Deep Matching 和本节方法的执行时间比较

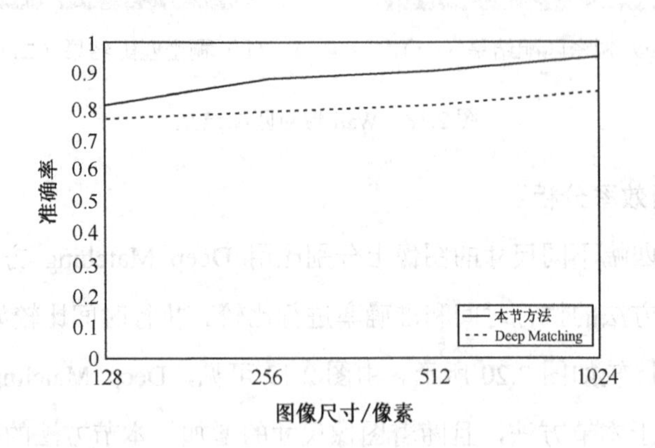

图 2.20　Deep Matching 和本节方法的准确率比较

2.3 本章小结

本章首先通过在降采样像对上使用 Deep Matching 方法获得稀疏匹配结果，综合光流估计思想与 HOG 描述符的原理给出一种分数矩阵的计算方法，并利用该矩阵实现具有重复纹理及非刚体的目标稠密匹配。

其次，给出一种结合密度聚类平滑约束与三角网等比例剖分的像对稠密匹配方法，利用 ORB 匹配方法稀疏匹配速度快的优势，结合特征点对间局部关系平滑一致性原理，通过密度聚类与积分图方法从速度与质量上解决 ORB 外点多的问题，从而获得足够多的内点集。以内点集为控制点在一系列三角形区域内插入等比例点，来进行像对的内点集二次提纯与稠密匹配工作，并从数学角度证明了该方法的合理性。其中，基于 Deep Matching 的稠密匹配方法更适用于立体匹配的相关应用，如三维重建、视觉定位等。平滑约束与三角网等比例剖分的像对稠密匹配方法更适用于平面匹配，可以应用于高分辨率影像重建、影像融合等高级应用中。

参考文献

[1] Fan J，Wu Y，Wang F，et al. New Point Matching Algorithm Using Sparse Representation of Image Patch Feature for SAR Image Registration[J]. IEEE Transactions on Geoscience and Remote Sensing，2017，55（3）：1498-1510.

[2] Qin X，Shen J，Mao X，et al. Robust Match Fusion Using Optimization[J].

IEEE Transactions on Cybernetics，2015，45（8）：1549-1560.

[3] Campana V F，Coco K F，Salles E O T，et al. Modification in the SAR Super-Resolution Model Using the Fractal Descriptor LMME in the Term Regularizer[J]. IEEE Access，2018，6：39046-39062.

[4] Ahn I J，Kim J H，Chang Y，et al. Super-Resolution Reconstruction of 3D PET Images Using Two Respiratory-Phase Low-Dose CT Images[J]. IEEE Transactions on Radiation and Plasma Medical Sciences，2017，1（1）：46-55.

[5] Piciarelli C. Visual Indoor Localization in Known Environments. IEEE Signal Processing Letters，2016，23（10）：1330-1334.

[6] Mur-Artal R，Tardos J D. ORB-SLAM2：An Open-Source SLAM System for Monocular，Stereo，and RGB-D Cameras[J]. IEEE Transactions on Robotics，2017，33（5）：1255-1262.

[7] Liu J，Hu Y，Yang J，et al. 3D Feature Constrained Reconstruction for Low-Dose CT Imaging[J]. IEEE Transactions on Circuits and Systems for Video Technology，2018，28（5）：1232-1247.

[8] Chuang T，Ting H，Jaw J. Dense Stereo Matching With Edge-Constrained Penalty Tuning[J]. IEEE Geoscience and Remote Sensing Letters，2018（15）5：664-668.

[9] Barnes C，Shechtman E，Dan B G，et al. The Generalized PatchMatch Correspondence Algorithm[C]. European Conference on Computer Vision Conference on Computer Vision. Springer-Verlag，2010：29-43.

[10] Hacohen Y，Shechtman E，Dan B G，et al. Non-rigid dense correspondence with applications for image enhancement[C]. ACM，2011：1-10.

[11] Yang H，Lin W Y，Lu J. DAISY Filter Flow：A Generalized Discrete Approach to Dense Correspondences[C]. Computer Vision and Pattern

Recognition. IEEE，2014：3406-3413.

[12] Kim J，Liu C，Sha F，et al. Deformable Spatial Pyramid Matching for Fast Dense Correspondences[C]. IEEE Conference on Computer Vision and Pattern Recognition. IEEE Computer Society，2013：2307-2314.

[13] Brauxzin J，Dupont R，Bartoli A. A General Dense Image Matching Framework Combining Direct and Feature-Based Costs[C]. IEEE International Conference on Computer Vision. IEEE，2013：185-192.

[14] Revaud J，Weinzaepfel P，Harchaoui Z，et al. Deep Matching：Hierarchical Deformable Dense Matching[J]. International Journal of Computer Vision，2016，120（3）：1-24.

[15] Keysers D，Deselaers T，Gollan C，et al. Deformation Models for Image Recognition[J]. IEEE Transactions on Pattern Analysis & Machine Intelligence，2007，29（8）：1422-1435.

[16] Mikolajczyk K，Tuytelaars T，Schmid C，et al. A comparison of affine region detectors[C]. International Journal of Computer Vision，2005.

[17] Butler D J，Wulff J，Stanley G B，et al. A Naturalistic Open Source Movie for Optical Flow Evaluation[C]. European Conference on Computer Vision，2012：611-625.

[18] Geiger A，Lenz P，Stiller C，et al. Vision meets robotics：The KITTI dataset[J]. International Journal of Robotics Research，2013，32（11）：1231-1237.

[19] Lowe D G. Distinctive image features from scale-invariant keypoints[J]. International Journal of Computer Vision，2004，60（2）：91-110.

[20] Bay H，Tuytelaars T，Gool T V. SURF：Speeded up robust features[C]. European Conf. on Computer Vision，2006：404-417.

[21] Rublee，Ethan，et al. ORB：An efficient alternative to SIFT or SURF[C]. Computer Vision（ICCV），2011：2564-2571.

[22] Kadir T，Zisserman A，Brady M. An affine invariant salient region detector[C]. ICCV，2004：345-457.

[23] Wang Z H，Fan B，Wu F C. Local intensity order pattern for feature description[C]. ICCV，2011：603-610.

[24] Xu Y C，Monasse P，Geraud T，et al. Tree-Based Morse Regions：A topological approach to local feature detection[J].IEEE Trans. on Image Processing，2014，23（12）：5612-5615.

[25] Yi K M，Trulls E，Lepetit V，et al. Lift：Learned invariant feature transform[C]. European Conference on Computer Vision，2016：1-16.

[26] Verdie Y，Yi K M，Fua P，et al. TILDE：A Temporally Invariant Learned DEtector[C]. Computer Vision and Pattern Recognition，2015：5279-5288.

[27] Zhao Q S，Wu X Q，Bu W. Contactless palmprint verification based on sift and iterative ransac[C]. ICIP，2013：4186-4189.

[28] Li B，Ming D，Yan W W，et al. Image matching based on two-column histogram hashing and improved ransac[J]. IEEE Geo. and Remote Sens. Letters，2014，11（8）：1433-1437.

[29] Ma J Y，Zhao J，Tian J W，et al. Robust Point Matching via Vector Field Consensus[J]. IEEE Trans. on Image Processing，2014，23（4）：1706-1721.

[30] Bian，Wang J，et al. Gms：Grid-based motion statistics for fast，ultra-robust feature correspondence[C]. Computer Vision and Pattern Recognition（CVPR），2017：2828-2837.

[31] Revaud J，Weinzaepfel P，Harchaoui Z，et al. Deep Matching：Hierarchical Deformable Dense Matching[J]. International Journal of Computer Vision，2016，120（3）：1-24.

[32] Zhu H，Song W D，Yang D，et al. Dense Matching Method of Inserting

Point into the Delaunay Triangulation for Close-range Image[J]. Science of Surveying and Maping，2016，41（4）：19-23.

[33] Wang J X，Zhang J，Zhang X. A Dense Matching Algorithm of Close-Range Images Constrained by Iterative Triangle Network[J]. Journal of Signal Srocessing，2018，34（3）：347-356.

[34] Wang X J，Xing F，Liu F. Stereo Matching of Objects with Same Features Based on Delaunay Triangulation and Affine Constaraint[J]. Acta Optica Sinica，2016，36（11）：1-8.

第3章 03

直线特征匹配与提纯

直线匹配是计算机视觉、特征识别、图像配准等领域的关键技术和经典问题，也是三维重建亟待解决的问题[1]。虽然特征点匹配已取得较大进展，但直线特征匹配由于受噪声、光照、遮挡等因素影响，研究进展相对较慢。本章就现有直线特征匹配问题提出三种像对特征匹配方法，并给出面向像对直线特征匹配的线特征矫正与匹配结果提纯方法，目的是获得更高的直线特征准确率，从而为后续高级图像处理提供更多帮助。

3.1 直线特征匹配

直线特征匹配难点主要体现在以下三个方面[2-4]：①直线段端点的不确定性，极线虽然能较好地进行约束点匹配，但在直线特征匹配中却不能提供准确的位置约束；②直线特征提取中出现断裂情况导致匹配结果中易出现“一配多”“多配一”的情况；③没有预知全局的几何约束条件，由于直线长短决定直线支撑域大小，因此对区域描述子来说，缺少一个归一化策略的全局约束条件。为此，本节给出三种解决方法。

3.1.1　重合度约束直线特征匹配方法

针对摄像机拍摄具有一定重叠度的左右两幅近景影像，首先利用 SIFT[5] 算子匹配左右影像中的特征点，并使用 RANSAC[6-7]方法对匹配结果进行优化，剔除错误点。再依据高精度同名点计算仿射变换矩阵。同时采用 Freeman 链码[8-9]方法分别对左、右影像进行直线提取，并记录直线端点坐标。通过仿射变换将左影像直线端点坐标映射到右影像，为了简化称其为左投影直线段。在此基础上，提出直线重合度约束的近景影像直线匹配，即通过判断左投影直线段与右影像线段是否重合，判定线段之间是否相匹配。若两线段相互匹配，则记录同名直线端点坐标索引号，避免因再次仿射变换后直线受变换精度影响而存在偏差。由于链码提取直线特征会出现直线断裂，而导致匹配结果中可能会出现“一配多”“多配一”情况。为确保直线特征匹配的准确性，可根据直线矢量是否共线，对匹配结果进行“一配一”优化，方法总体技术流程如图 3.1 所示。

1. 方法原理

仿射变换[10-11]是一种二维坐标到二维坐标之间的线性变换，仿射变换包括平移、缩放、翻转、旋转、剪切。在仿射变换下，图形的不变性质和不变量统称为仿射性质：①仿射变换把直线变成直线，并且保持共线三点的介于关系；②仿射变换把不共线三点变成不共线三点；③仿射变换把平行直线变成平行直线；④在仿射变换下平行线段的比不变。仿射变换可以写成如下的形式：

$$\begin{cases} u_1 = au_2 + bv_2 + m \\ v_1 = cu_2 + dv_2 + n \end{cases} \tag{3.1}$$

将立体像对的像点坐标齐次化，用矩阵的形式表示如下：

$$\begin{bmatrix} u_1 \\ v_1 \\ 1 \end{bmatrix} = \begin{bmatrix} a & b & m \\ c & d & n \\ 0 & 0 & 1 \end{bmatrix} \begin{bmatrix} u_2 \\ v_2 \\ 1 \end{bmatrix} \tag{3.2}$$

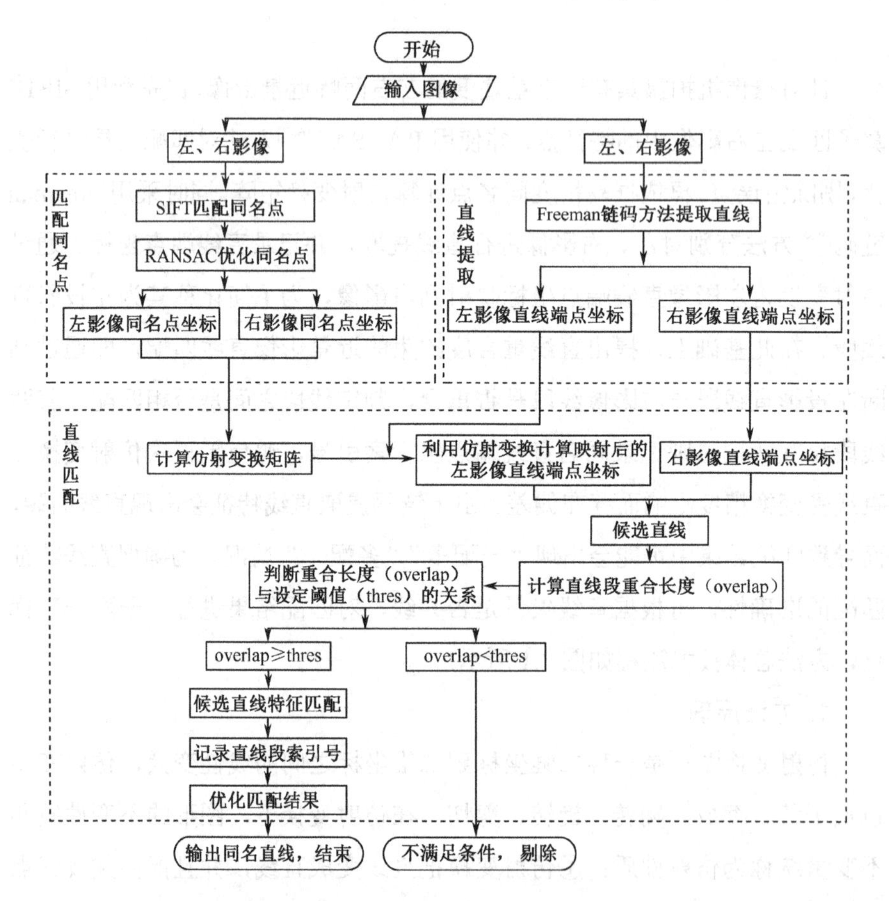

图 3.1　方法总体技术流程图

上述矩阵可以写成：

$$\boldsymbol{P}_1 = \boldsymbol{H}\boldsymbol{P}_2 \tag{3.3}$$

式（3.2）中含有六个未知数，当已知不共线的三对同名点即可决定唯一的一个仿射变换矩阵 $\boldsymbol{H}$。而本节中匹配同名点数目大于3，采用最小二乘法[12]对式（3.2）中仿射变换参数进行求解。

根据仿射变换参数，对左影像上提取的直线端点坐标 $P_{\text{left}}(x,y)=$

$\{(x,y)_i|i=1,2,3,\cdots,n\}$，利用式（3.3），将其映射到右影像上，左投影直线段端点坐标记为 $P'_{\text{left}}(x',y')=\{(x',y')_i|i=1,2,3,\cdots,n\}$。右影像直线端点坐标记为 $P_{\text{right}}(x,y)=\{(x,y)_j|j=1,2,3,\cdots,m\}$，在理想情况下，左投影直线段与右影像所提取的直线段应重合。但由于通过仿射变换后直线受变换精度影响会存在一定偏差，因此本节引入模糊数学中的隶属度概念，定义直线重合度函数，减小因仿射变换中存在的精度问题而对直线匹配的精确度造成的影响。

首先，定义两直线距离函数 $y(x)$，然后基于距离函数定义直线重合度函数 $F(y)$，根据重合度函数计算重合长度 overlap，最后，判断重合长度 overlap 与阈值参数 thres 的大小关系。如果重合长度 overlap≥thres，则待匹配直线为同名直线，否则待匹配直线不满足匹配要求，予以剔除。直线匹配方法流程如图 3.2 所示。

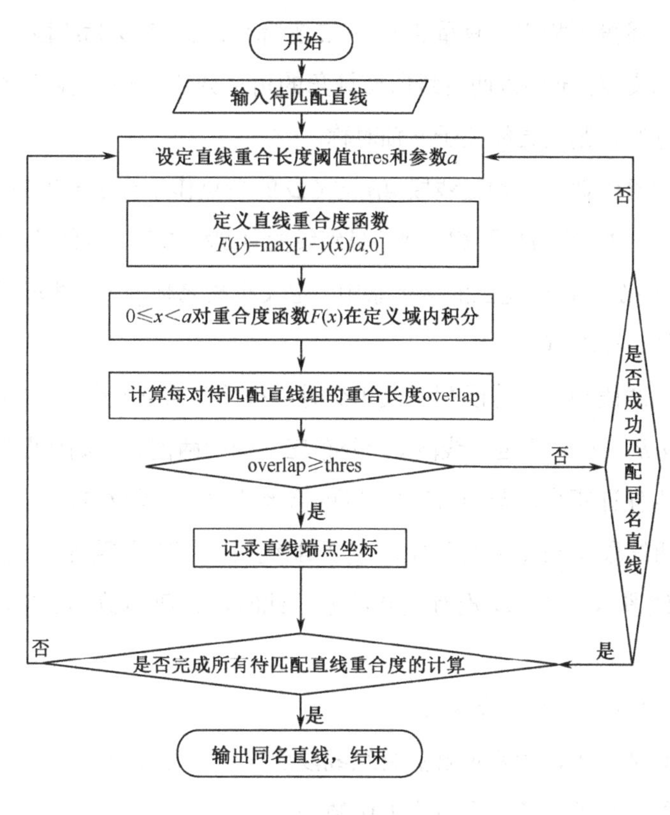

图 3.2　直线匹配方法流程图

1）线段间距离函数

距离函数表示两条线段重合部分之间的距离。在距离函数定义中，待匹配直线段 AB 与 CD 位置关系的三种情况，如图 3.3 所示。定义如下：

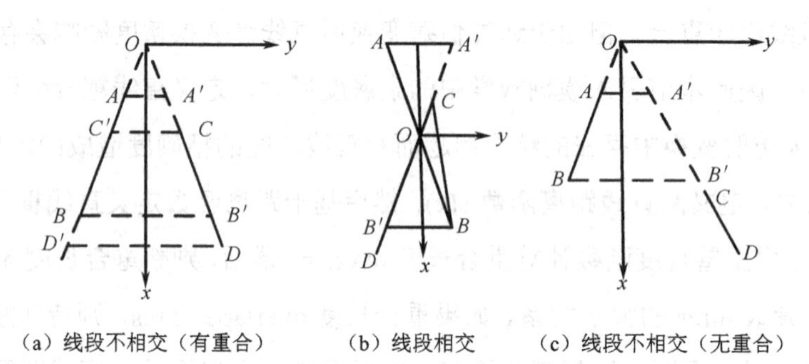

（a）线段不相交（有重合）　（b）线段相交　（c）线段不相交（无重合）

图 3.3　直线段 AB 与 CD 的位置关系

（1）两线段不相交（有重合）。建立坐标系：原点 O 为线段 AB 与 CD 所在直线的交点，y 轴为两直线所交钝角的角平分线，x 轴为两直线所交锐角的角平分线，则两直线关于 x 轴对称。

定义距离函数：分别过线段 AB 与 CD 的端点作平行于 y 轴的辅助线，交 CD 于 A'、B'，交 AB 于 C'、D'，得到线段 $A'B'$和 $C'D'$，取线段 $A'B'$与 CD 的重合部分 CB'。在已建立的坐标系中，定义距离函数 $y(x)$为线段长度 CB'，由定义可知，$y(x)\geqslant 0$。

（2）两线段相交。待匹配线段相交时，按照（1）中所述，得到线段的重合部分 CB'，不同的是，线段 CB'分布在 x 轴的两侧。在确保匹配精度的前提下，为保证距离函数 $y(x)\geqslant 0$，将距离函数改为线段 CB。

（3）两线段不相交（无重合）。待匹配线段不相交无重合时，按照（1）中所述，线段 AB 与 CD 没有重合部分，此时，距离函数 $y(x)$的定义域为空集。

2）重合度函数及重合长度

在理想情况下，相互重合的直线线段应在一条直线上，设 y 为两条线段在某一位置处的距离，则重合度函数为：

$$F(y)=\begin{cases}0 & y>0\\1 & y=0\end{cases}\tag{3.4}$$

因此，两条线段重合的长度为：

$$L=\int_{x_1}^{x_2}F(y(x))\mathrm{d}x\tag{3.5}$$

即函数 $F(x)$在定义域内求定积分即为线段重合的长度，积分范围 x_1、x_2为两直线段重合部分两端点的 x 坐标。

实际匹配过程中，绝大多数相互重合的两条线段并不在一条直线上，而是存在微小的距离或角度。此时，式（3.5）中 $y(x)$为一个较小正数，若 $F(y(x))=0$，则式（3.5）失效。为避免这种情况发生，本节引入模糊数学中的隶属度概念，定义线段重合度函数为：

$$F(y)=\max\left(1-\frac{y}{a},0\right)\tag{3.6}$$

则两条线段重合的长度为：

$$L=\int_{x_1}^{x_2}F(y(x))\mathrm{d}x\tag{3.7}$$

当距离 $y=0$ 时，重合度为 1；当 $0<y<a$ 时，重合度随着距离 y 的增大而线性减小；当 $y=a$ 时，重合度减小至 0；距离 $y>a$ 时，则没有重合度，即重合度为 0。若相互重合的线段在一条直线上，重合度即是重合的长度。由于 $F(y)$是线性变化的，所以积分值可直接求出，有效减少计算量。本节方法的两个参数：

（1）参数 a 表示左投影直线段和与它重合的右影像直线段两个对应端点的距离。如果重合度大于参数 a，则两线段不重合；如果小于参数 a，则两线段重合，参数 a 可取重合直线平均误差距离的 1.5 倍。

（2）参数 thres 表示待匹配直线重合长度下限，即阈值。当重合长度 $L\geqslant$thres 时，视待匹配直线为同名直线。参数 thres 取重合直线最小重合长度的 0.5 倍。

3）最优匹配

本节基于重合度匹配直线的方法，出现“一配多”“多配一”的概率小，准确率高，为了使最终匹配结果得到“一配一”的优化。首先判断基于直线重合度匹配的子集中直线矢量是否共线。如果共线，将对应的右影像直线端点坐标进行排序，连接直线段首尾端点，并更新匹配结果；如果不共线，判断左投影直线中点到同名直线的距离，如果大于预定阈值，则剔除错误匹配，如果小于预定阈值，则为同名直线，达到直线匹配的一致性效果。

2. 实验结果与分析

为了验证本节方法的可靠性和鲁棒性，采用存在不同类型几何变换的近景影像数据，在 MATLAB 7.8 平台下，编程实现近景影像中的直线特征匹配。

实验针对不同类型近景影像数据进行直线特征提取及匹配，分别为图 3.4（a）存在旋转变换（640 像素 × 480 像素），图 3.4（b）存在尺度变换（800 像素 × 600 像素），图 3.4（c）存在角度变换（800 像素 × 600 像素）。并运用本节方法将直线特征匹配结果采用不同颜色显示，可见近景影像中轮廓特征线已基本被匹配。该方法设置参数如下：旋转变换影像中 $a=2$ 像素，thres=380 像素；尺度变换影像中 $a=2$ 像素，thres = 390 像素；角度变换影像中 $a=4.5$ 像素，thres = 300 像素。

（a）旋转变换

（b）尺度变换

图 3.4　本节方法匹配结果

（c）角度变换

图 3.4　本节方法匹配结果（续）

尽管因遮挡等因素致使直线属性不一致，利用本节方法依然可以获得可靠的匹配结果。在旋转变换影像中，通过直线重合度约束获取 197 对同名直线对，出现 3 对“一配多”或“多配一”的情况，通过一致性检核，最终得到同名直线 194 对。在尺度变换影像中，由于直线提取时出现直线断裂情况，导致基于直线重合相似度匹配的结果出现 4 对“一配多”或“多配一”情况，通过最优匹配，将该情况下的直线端点坐标进行排序，连接直线段首尾端点，不仅改善了直线提取过程中出现的直线断裂问题，同时正确匹配直线 133 对。在角度变换影像中，通过直线重合度约束获取 247 对同名直线，图 3.4（c）中 86 号、215 号直线匹配出现错误，原因是近景影像中局部出现两条直线相似且近似平行，同时两条相似直线距离小于匹配直线距离。可见本节直线匹配方法出现“一配多”或“多配一”的概率小，准确率高。三组实验结果都得到较多的同名直线，同时保证较高的正确匹配率，实验验证在不同类型近景影像数据中直线特征匹配方法的有效性及稳健性。

在影像匹配处理中，通常采用匹配数量及匹配正确率来评价匹配方法的性能。直线匹配正确率值越大，表明正确匹配直线数所占比重越大，其匹配结果越准确。从表 3.1 中可以看出，与文献[13]相比，本节方法虽在正确率上优势不大，但该匹配方法不依赖直线附近同名点的获取情况，仅依据直线重合度信息，不会因特征点的匹配情况影响最终直线特征匹配结果，而且该方法避免烦琐运算，具有实时性。与文献[14]方法相比，针对不同几何变换的立体像对，无论是直线匹配总条数或直线匹配正确率，本节方法均优于文献[14]，且匹配直线总数量显著提高。文献[14]通过直线描述子进行匹配，缺乏有效几何约束，导致匹配结果不稳定。与文献[14]方法的对比结果，进一步验证本节方法在直线特征匹配中的优势，由于该方法与影像灰度值无关，主要利用直线特征的几何信息，因此对亮度变化具有抗干扰性。

表 3.1　不同方法的匹配结果

立体像对	匹配方法	总匹配对数	正确匹配	正确率/%
旋转变换	文献[13]	148	148	100
	文献[14]	98	94	95.9
	本节方法	194	194	100
尺度变换	文献[13]	91	91	100
	文献[14]	30	14	46.7
	本节方法	133	133	100
角度变换	文献[13]	242	240	99.17
	文献[14]	155	151	97.4
	本节方法	247	245	99.19

综上所述，本节提出的直线匹配方法能够有效，准确地匹配近景影像中的同名直线，对存在不同类型几何变换的近景影像都能得到较好的匹配结果。而且方法本身出现“一配多”“多配一”的概率小，准确率高，同时通过约束条件对匹配结果进行一致性检核，最终达到近景影像中直线“一配一”的匹配效果，具有较好的鲁棒性。

3.1.2　线段元支撑区主成分相似性约束特征线匹配方法

1. 方法原理

通过线段元主成分相似性约束，特征线匹配方法主要分为四个阶段：①特征点匹配：利用 ASIFT 算子[15-16]分别获取左右影像同名点，通过同名点计算仿射变换矩阵，用于后续约束边缘主点的独立匹配。②获取边缘主点：获取 Freeman 链码分裂的边缘主点，并将其视为匹配基元。③独立匹配边缘主点：综合利用仿射变换[17]、核线约束[18]及 Harris 兴趣值[19]三重约束实现边缘主点的独立匹配。④一致性检核：以线段基元的长短构建线段元的支撑区域，通过线段元支撑区主成分相似性对匹配结果进行一致性检核。

1）链码分裂生成边缘主点

论文采用文献[8]方法对影像进行链码跟踪获取边缘主点，利用 Canny 算子对影像进行边缘检测，按照从上到下、从左到右的顺序，依据八邻域链码跟踪方法对边缘检测的二值图像进行链码跟踪，将扫描到的第一个边缘点视为链码的起点，逆时针扫描该点周围八个邻域点有无边缘点存在，若扫描到某个方向的边缘点，则将该点更新，同时记录链码与坐标信息，并置该点为非边缘点以避免重复跟踪。

链码分裂边缘主点的基本思想是对具有较高曲率的边缘进行迭代分割，形成一系列直线段，这些直线段的端点就是边缘主点。边缘主点获取的具体流程如图 3.5 所示，假设边缘 AB 为链码跟踪得到的某一边缘线，连接端点得到一条线段 AB，计算边缘链码到直线最远的距离 d，如果 d 超出阈值 r，则对曲率最高点进行分割，然后连接端点与分割点，形成 AB_1、BB_1，如此重复，完成边缘主点的提取。

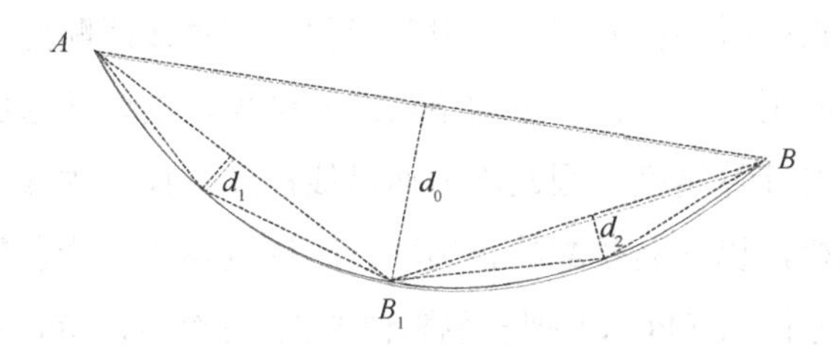

图 3.5　获取边缘主点示意图

$$r=\begin{cases}1.0+\lg d & d\geqslant 1.0\\ 1.0 & \text{其他}\end{cases}\tag{3.8}$$

2）独立匹配边缘主点

将 Freeman 链码分裂的边缘主点视为匹配基元，综合利用仿射变换、核线约束和 Harris 兴趣值三重约束逐一匹配边缘主点，如图 3.6 所示。假设左影像中某一边缘主点为 a，首先通过仿射变换矩阵计算 a 点在右影像中相应的投影点 a'，为进一步提高特征点匹配时的搜索速率，将搜索范围从二维影像降低到一维核线上，求 a 点在右影像中的核线 H，通过核线约束再次精确边缘主点的位置，过 a'点作垂线交核线 H 于 a''，以 a''为中心，分别沿核线 H 各方向搜索 h 个像素长度，计算搜索范围内像素点的 Harris 兴趣值，将 Harris 兴趣值由大到小排序，记录 Harris 兴趣值最大的像素点所在位置，实现初步的以点代线匹配。

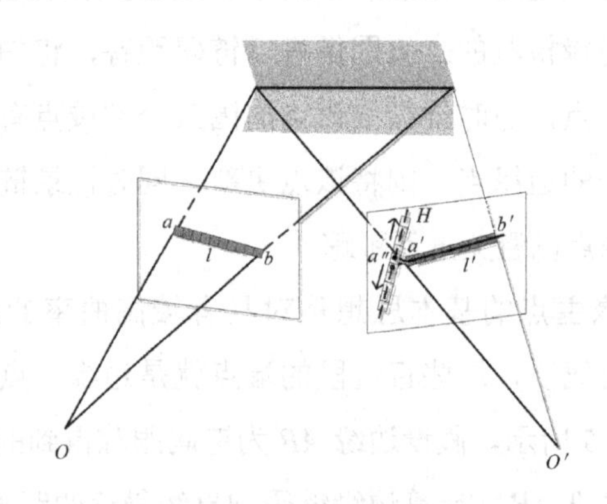

图 3.6　边缘主点独立匹配

3）线段元支撑区主成分相似性约束

由于影像拍摄时存在光照、仿射等变化，在直线匹配过程中，基于边缘主点的独立匹配则会存在一定的错误匹配结果，这些误匹配势必会影响后续几何关系的计算精度，因此本书通过线段元支撑区主成分相似性对其进行进一步检核，以提高匹配的正确率。因近景影像为彩色影像，所以本书采用主成分分析法（PCA）把彩色影像 RGB 三个波段有价值信息集中到数目尽可能少的特征数组中，使得 RGB 三波段影像互不相关，从而实现减少数据量的目的，其主成分分析方法的数学表达式如下：

$$\begin{bmatrix} y_1 \\ y_2 \\ \vdots \\ y_n \end{bmatrix} = \begin{bmatrix} a_{11} & a_{12} & \cdots & a_{1n} \\ a_{21} & a_{22} & \cdots & a_{2n} \\ \vdots & \vdots & & \vdots \\ a_{n1} & a_{n2} & \cdots & a_{nn} \end{bmatrix} \begin{bmatrix} x_1 \\ x_2 \\ \vdots \\ x_n \end{bmatrix} \tag{3.9}$$

式中，$[y_1\ y_2 \cdots y_n]^{\mathrm{T}}$ 为主成分变换后影像 n 维矢量；$[x_1\ x_2 \cdots x_n]^{\mathrm{T}}$ 为主成分变换前影像 n 维矢量，主成分变换矩阵是原影像空间的协方差矩阵，协方差矩阵的特征矢量按照其特征值由大至小排序而成，其中第一主分量集中了非常丰富的信息，能够很好地反映影像的本质特征，第二、第三主成分中信息相对减少，到第 n 主成分时所含信息量几乎为零。可见主成分变换对影像具有降低维度和集中信息的能力，所以本书提出基于线段元支撑区的主成分信息相似性对匹配结果进行一致性检核，剔除误匹配结果。

鉴于单一的线段元缺乏辨识能力，本书构建待匹配线段元的支撑区，以待匹配线段元边缘主点 A、B 所在直线 L 作为中心轴主方向，然后以主方向为中心，定义线段元支撑区，以线段元长 h 定义平行支撑区的长边，以半径 r 定义平行支撑区的短边，如图 3.7 所示。利用第一主分量作为影像灰度值，使近景影像彩色信息的损失降低到最小，有利于线段元的一致性检核。

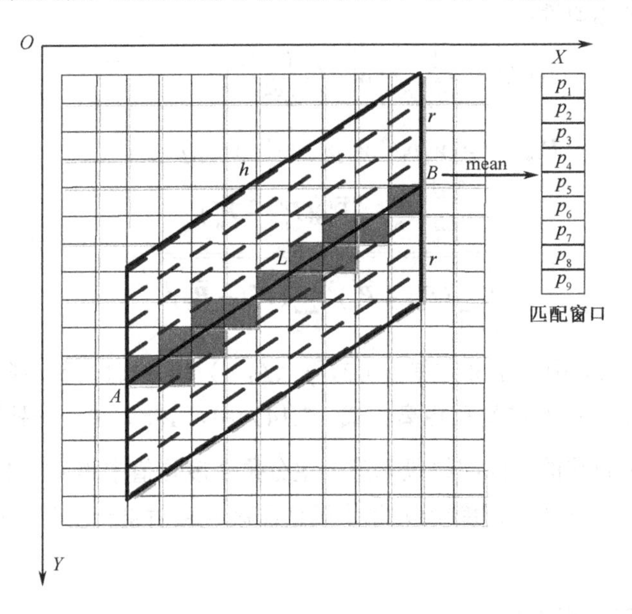

图 3.7　直线平行支撑区分解

将线段元支撑区平行地分解为 $2r+1$ 条线段基元，p_{ij} 代表第 i 条平行线段元上第 j 个像素点第一主分量的灰度值，将（$2r+1$）$\times h$ 个像素点的第一主分量的灰度值排列成矩阵，如式（3.10）所示。由于影像可能存在不同尺度的变化，以致线段元的长度也不可能完全一致，为得到与尺度无关的线段元描述子，计算支撑区内每条线段元第一主分量灰度均值，可得到一个 $2r+1$ 行列矢量 $\boldsymbol{P}_m(L)$，即

$$\boldsymbol{P}(L)=\begin{bmatrix} p_{11} & p_{12} & \cdots & p_{1n} \\ p_{21} & p_{22} & \cdots & p_{2n} \\ \vdots & \vdots & & \vdots \\ p_{(2r+1)1} & p_{(2r+1)2} & \cdots & p_{(2r+1)n} \end{bmatrix} \tag{3.10}$$

$$\boldsymbol{P}_m(L)=\begin{bmatrix} p_1 & p_2 & \cdots & p_{2r+1} \end{bmatrix}^{\mathrm{T}} \tag{3.11}$$

对于线段元支撑区内 $2r+1$ 条平行的线段基元来说，距离线段元 L 越近，则对该线段元特征描述就越具决定性，因此对每个列矢量赋予一个高斯权重，高斯权重函数如式（3.12）所示，则线段元描述子的加权第一主分量灰度均值的矢量为 $\boldsymbol{P}_{wm}(L)$，最后，对应数据间相关系数定义线段元描述子第一主分量的相似性：

$$w(L)=\frac{1}{\sqrt{2\pi}\delta}\exp\left[-\frac{\mu^2(L,l)}{2\delta^2}\right] \tag{3.12}$$

$$\boldsymbol{P}_{wm}(L)=\begin{bmatrix} w_1p_1 & w_2p_2 & \cdots & w_{2r+1}p_{2r+1} \end{bmatrix}^{\mathrm{T}} \tag{3.13}$$

$$\rho=\frac{\sum_{k=1}^{2r+1}(\boldsymbol{P}_{wk}^l-\bar{\boldsymbol{P}}_w^l)(\boldsymbol{P}_{wk}^r-\bar{\boldsymbol{P}}_w^r)}{\sqrt{\sum_{k=1}^{2r+1}(\boldsymbol{P}_{wk}^l-\bar{\boldsymbol{P}}_w^l)^2\sum_{k=1}^{2r+1}(\boldsymbol{P}_{wk}^r-\bar{\boldsymbol{P}}_w^r)^2}} \tag{3.14}$$

式（3.12）中，定义方差 $\delta=r/3$，μ（L，l）代表线段元支撑区内第 i 个子区域到线段元 L 的垂直距离。式（3.14）中，$\boldsymbol{P}_{wk}^l$、$\boldsymbol{P}_{wk}^r$ 分别为左右影像中赋予高斯权重的待匹配线段元第一主分量灰度均值中第 i（$i=1,2,\cdots,2r+1$）个矢量。$\bar{\boldsymbol{P}}_w^l$、$\bar{\boldsymbol{P}}_w^r$ 分别为线段元赋予高斯距离权重后第一主分量灰度均值矢量的均值。

2. 实验结果与分析

为验证本节方法的有效性，本书选取中国科学院自动化研究所机器视觉课题组公开测试的四组不同类型近景影像实验数据进行匹配，分别为存在旋转变换（640 像素×460 像素）、尺度变换（800 像素×600 像素）、亮度变化（900 像素×600 像素）及仿射变换（800 像素×600 像素）的立体像对，

如图 3.8 所示。实验环境为 Intel（R）Xeon（R）CPU E21220 @ 3.10GHz 64bit 操作系统，在 MATLAB R2011b 平台编程实现并完成。

图 3.8　实验数据

对每组实验数据中左影像提取特征线，记录 Freeman 链码分裂的边缘主点坐标，近景影像数据提取特征线的数目分别为 310 条、166 条、192 条、394 条，结果如图 3.9 所示。同时通过 ASIFT 方法对立体像对匹配特征点的数目分别为 1933 对、745 对、2022 对、5061 对。在获取同名点的基础上计算具有全局变换的仿射矩阵，依据仿射变换将边缘主点映射到右影像上，再利用核线与 Harris 兴趣值约束，实现边缘主点的独立匹配。最终通过线段元第一主分量灰度相似性对初始匹配结果进行一致性检核，本节设置第一主分量灰度值相关系数阈值为 ρ=0.98。

图 3.9　边缘主点获取及特征直线提取结果

鉴于篇幅，本书选取四组近景实验影像直线匹配结果进行展示，如图 3.10 所示。本节通过链码分裂获取线段元边缘主点，利用仿射变换、核线约束与 Harris 兴趣值三重约束实现边缘主点的独立匹配，避免特征直线在匹配过程中大量的搜索工作，减少了计算量，同时降低了直线匹配方法的烦琐度。将线段元离散成对应点的集合并视为一个整体，通过线段元的第一主成分相似性对匹配结果进行一致性检核，充分考虑线段元中所有元素，并不是单纯地考虑边缘主点匹配结果，进一步提高了匹配结果的可靠性。本书从主成分转换的角度降低近景影像的维度，充分利用彩色信息的优势而不是单纯地计算其影像灰度值，使得实验结果更具备可信度。

图 3.10　近景影像实验匹配结果

为验证本节方法匹配的正确率，将匹配结果与文献[14]和文献[20]结果进行比较，如表 3.2 所示。几种直线匹配方法均存在错误匹配，但本节方法在保证正确率的前提下，在具有不同几何变换类型下的近景影像匹配结果中，正确匹配同名直线的数量显著提升。文献[14]由于缺少有效的几何属性作为约束条件，导致直线匹配结果不够稳定，尤其是当影像存在尺度变换的情况下，直线匹配的准确率很低。文献[20]则在文献[14]的基础上，通过局部仿射不变性和核线约束作为匹配的限制条件，在一定程度上抑制了错误匹配的情况出现，但由于直线提取过程中存在直线的断裂，采用文献[20]匹配的结果中仍存在“多配一”等情形，需要进一步优化，与本节方法相比，文献[20]的优化过程就略显烦琐。由此可见，本节方法不仅提高了直线匹配的正确率，而且避免了直线匹配过程中大范围的搜索工作，这样在保证匹配准确率的基础上提高了匹配速率。

为验证线段元支撑区主成分相似性约束的有效性，进一步说明本节方法对匹配质量的改进程度，本节对拟合直线的边缘主点独立匹配，即匹配过程中没有利用线段元支撑区主成分相似性约束，并与改进的直线匹配方法的正确率进行比较，如表 3.2 所示，说明单纯依赖于边缘主点的直线匹配效果并不理想，因缺乏对彩色影像中纹理场景的综合考虑，匹配精度不高，而本节以点带线是将通过边缘主点匹配的直线离散为对应点的集合，通过离散点集的主成分相似性约束对其进一步优化，得到具有高精度的匹配结果。

表 3.2　直线匹配对比结果

立体像对	匹配方法	总匹配对数	正确匹配	正确率/%
旋转变换	文献[14]	98	94	95.9
	文献[20]	101	99	98.1
	改进前方法	252	239	94.8
	本节方法	240	239	99.58
尺度变换	文献[14]	30	14	46.7
	文献[20]	54	54	100
	改进前方法	160	148	92.5
	本节方法	150	148	98.67
亮度变化	文献[14]	57	55	97.4
	文献[20]	80	77	96.3
	改进前方法	147	121	82.3
	本节方法	123	121	98.37
仿射变换	文献[14]	155	151	97.4
	文献[20]	223	220	97.5
	改进前方法	273	240	87.9
	本节方法	242	240	99.17

通过对现有数据库中经典方法比较分析可知，本节方法不仅简化了直线匹配的烦琐程度，同时对多种近景影像实验数据的处理结果均表现出良好的稳定性。该方法避免了类似利用特征线与邻域内以同名端点为虚拟线

段的相交仿射不变性来筛选待匹配直线的复杂运算，而且成功匹配直线的总数量也明显增多，对存在亮度变化的影像也具有一定的抗干扰性。

3.1.3 多重约束下的直线特征匹配方法

1. 方法原理

通过 SIFT 算子[21-23]匹配近景影像中同名点，利用 RANSAC 方法[24]优化匹配结果，依据最佳匹配结果，计算立体像对间仿射变换矩阵[17]。为了获取合适数量且分布均匀的密集特征点，将参考影像划分成等间距格网，以格网点为待匹配基元，通过格网大小控制特征点的密集覆盖程度。利用仿射变换计算出搜索影像中相应的格网点位置，由于格网点大致坐标已确定，所以特征点匹配过程中无须设置较大的搜索窗口，可以通过计算窗口内 Harris 兴趣值，将兴趣值最大的点作为匹配点，最终采用最小二乘法[25]对密集匹配结果进一步提纯。采用 Freeman 链码优先级直线提取方法[8-9]分别提取参考影像和搜索影像中直线，根据密集匹配点与直线位置关系筛选同名直线，不仅简化了搜索同名直线的复杂程度，而且有效地减小了立体影像线特征在匹配过程中的搜索范围，提高了直线匹配速率；通过重合度约束对匹配结果进一步优化，剔除“一配多”“多配一”等情况，提升直线匹配结果精度且原理简单，同时利用核线约束确定同名直线端点，得到了尽可能长的同名直线段，改善了直线特征提取过程中所出现的断裂情况。

1）密集匹配点约束

因为近景影像中存在较多的建筑物，而使得提取的直线结果中存在较多垂直线，所以将直线方程两点式转换为一般式，避免对斜率是否存在进行讨论，提高运行速度。依据密集匹配点与待匹配直线位置关系，确定初始匹配结果。密集匹配点与待匹配直线应满足：①如果密集匹配点到直线距离 $d \leqslant 1$（像素），视为特征点位于直线上；②构建自适应搜索窗口，以线

段长 l 定义搜索窗口的长，以 1/2 线段长定义搜索窗口宽，若密集匹配点位于窗口内，视为特征点存在于直线周围，此时同名点与候选直线的位置关系也应保持顺序一致。

由于提取特征线过程中会出现直线断裂的情况，从而导致匹配结果中可能会存在“一配多”“多配一”现象，因此根据线段有向距离，判断线段是否共线，若共线且间距较小，则连接两线段首尾端点。同时计算更新后直线与原直线间的夹角，若夹角过大，则不予以更新，避免因异面直线存在而导致更新结果中出现“假共线”的现象。

2）重合度约束

为提高直线匹配精度，本书通过仿射变换将参考影像中初始匹配结果映射到搜索影像上，仿射变换后两匹配线段应基本平行。但为突出两线段重合区域间的距离变化，以初始匹配直线的交点为原点，以两直线所交锐角的角平分线为 x 轴，如图 3.11 所示，x_1、x_2 分别为待匹配直线段重合区域对应的起点和终点。图 3.11 中右图为一种极端情况，此时两线段与 x 轴夹角为 45°，线段 l 所在的直线函数斜率为 1，由此可以推出，基于密集匹配约束的待匹配直线段所在的直线函数斜率不可能大于 1。

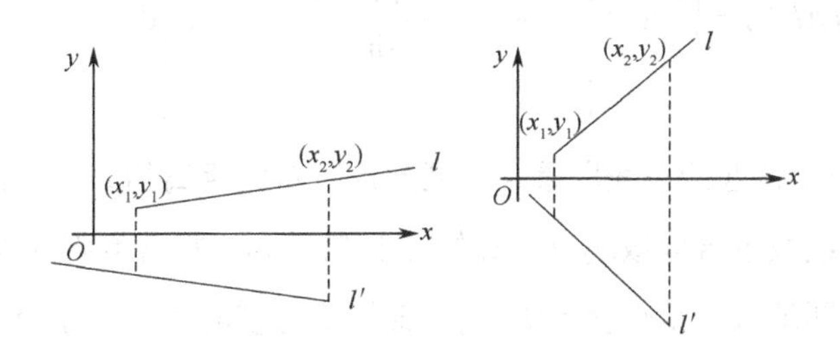

图 3.11　直线段位置关系

理论上待匹配直线应完全重合，然而实际匹配过程中，大多数待匹配直线并不在同一条直线上，而是存在一定的距离和角度，假设 y 代表待匹配直线重合区域内任意位置处的距离，则重合度函数式为：

$$y = y_1 + \frac{(x - x_1)(y_1 - y_2)}{(x_1 - x_2)} \tag{3.15}$$

$$f(y)=\begin{cases}0, y>0\\1, y=0\end{cases} \quad (3.16)$$

因此，待匹配直线段重合长度为：

$$O(l,l')=\int_{x_1}^{x_2} f\left[y(x)\right]\mathrm{d}x \quad (3.17)$$

即在定义域内对重合度函数式（3.16）求定积分的结果就是待匹配直线段重合区域的长度。然而实际匹配时，大多数待匹配直线并不在同一条直线上，而是存在一定的距离和角度，该式中的 y 即为较小的一个的数值，为避免 y 值较小而导致式（3.17）失效，因此将模糊数学中隶属度概念引入，定义直线重合度函数为：

$$f(y)=\max\left(1-\frac{y}{\text{dis}},0\right) \quad (3.18)$$

最终线段重合长度为：

$$O(l,l')=\int_{x_1}^{x_2} f(y)\mathrm{d}x \quad (3.19)$$

将式（3.15）代入式（3.18），再将式（3.18）代入式（3.19）得到重合度判别公式为：

$$O(l,l')=\int_{x_1}^{x_2}\max\left[1-\frac{y_1+\dfrac{(x-x_1)(y_1-y_2)}{(x_1-x_2)}}{\text{dis}},0\right]\mathrm{d}x \quad (3.20)$$

式中，dis 表示待匹配直线段重合区域起点所对应距离的阈值，设置该阈值为待匹配直线段重合区域起点距离的 1.5 倍。利用重合度判别式（3.20），计算每对初匹配直线重合度 $O(l,l')$，直线重合度阈值 thre_s 为待匹配直线段重合长度的下限，当重合度 $O(l,l')\geqslant$ thre_s 时，则记录直线匹配结果。参数 thre_s 设定为待匹配线段最小重合度的 1/2。重合度随着参数 dis 的增大而线性减小，匹配精度随着参数 thre_s 的减小而逐渐降低。

3）核线约束直线同名端点

因为通过直线提取方法分别对参考影像和搜索影像进行特征线提取，所以上述直线匹配结果的同名直线段长度基本不同，本节利用核线约束确定同名直线端点，其原理如图 3.12 所示。

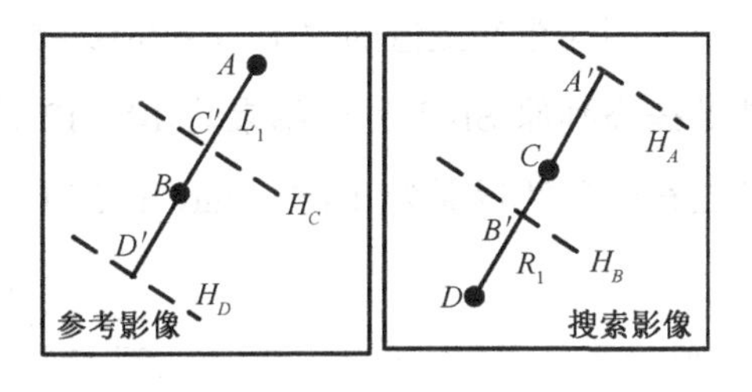

图 3.12　核线约束

假设线段 L_1、R_1 为同名直线段，参考影像中 L_1 端点分别为 A、B，搜索影像中 R_1 端点分别为 C、D。H_A、H_B 为点 A、B 在搜索影像中相对应的核线，与线段 R_1 交于 A' 和 B'，比较 A'、B'、C、D 每两点间距离，将距离最大的两点作为线段端点坐标，搜索影像亦同理。因为受拍摄角度不同的影响，影像中可能会有遮挡情况存在，由于遮挡而未被完整提取的直线段也得到延长，通过判断延长线段端点窗口灰度相似性来避免类似错误的情况出现。在保证同名直线尽可能长的同时，需考虑延长后线段端点是否超越影像范围，若因遮挡导致同名端点不在影像范围内，此时以直线与影像边界交点更新端点坐标，以保证同名线段端点存在的真实性。

2. 实验结果与分析

为验证所提出直线匹配方法的有效性和可靠性，选用中国科学院自动化研究所机器视觉课题组公开的三组不同类型近景影像数据，分别为存在旋转变换（640 像素×460 像素）、尺度变换（800 像素×600 像素）及存在遮挡（640 像素×460 像素）的立体像对完成直线匹配实验。

本书利用密集匹配特征点约束直线匹配，减小直线匹配过程中的搜索范围。通过格网间距参数（subsize）控制匹配特征点数量，格网间距参数 subsize 值越小，匹配点数目越多，同时匹配直线对数也就越多，但当 subsize 值减小到一定程度时，虽然密集匹配特征点数目还在增加，但匹配直线的对数将保持不变，即通过密集匹配结果约束直线匹配已达到最优化状态，同时表明该格网间距对直线匹配结果具有较好的鲁棒性，如图 3.13 所示。因此实验过程中设置格网间距参数值的大小为 subsize=5，在该格网间距下密集匹配点数目能够提高到原 SIFT 匹配结果的 10～17 倍，此外，在重合度约束直线匹配的过程中参数设置为 dis=2，thre_s=380。

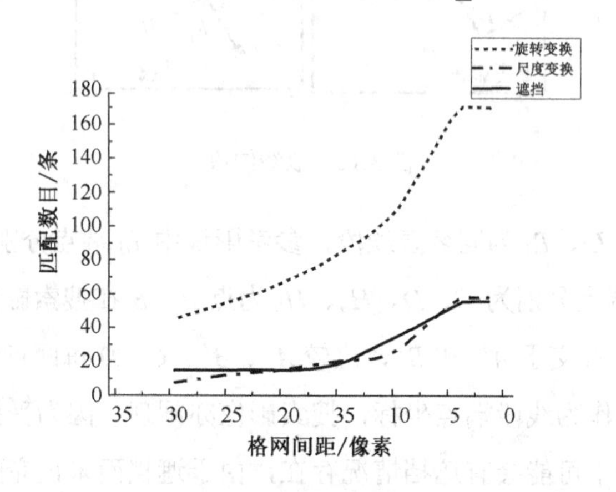

图 3.13 格网间距变化的鲁棒性测试结果

1）旋转变换

最终成功匹配直线 170 对，由于直线提取方法导致匹配结果直线段长度不一致，如图 3.14（a）右图像中 12 号直线，通过核线约束最终获取长度较长的直线匹配结果，图 3.14（d）为局部放大图。从图中可以看出，本节核线约束同名直线端点不同于传统核线约束只获取同名直线重叠的部分，而是获取尽可能长的同名直线。

2）尺度变换

利用本节方法处理存在尺度变换的立体像对，影像数据存在大约为 1.5 倍的缩放尺度，实验结果表明，利用多重约束成功匹配直线 58 对，即使直线段端点不同，如直线 1 和直线 50，说明本节方法对于端点位置不确定的线段仍然可以实现成功匹配。再利用核线约束同名直线端点，最终结果如图 3.15 所示。

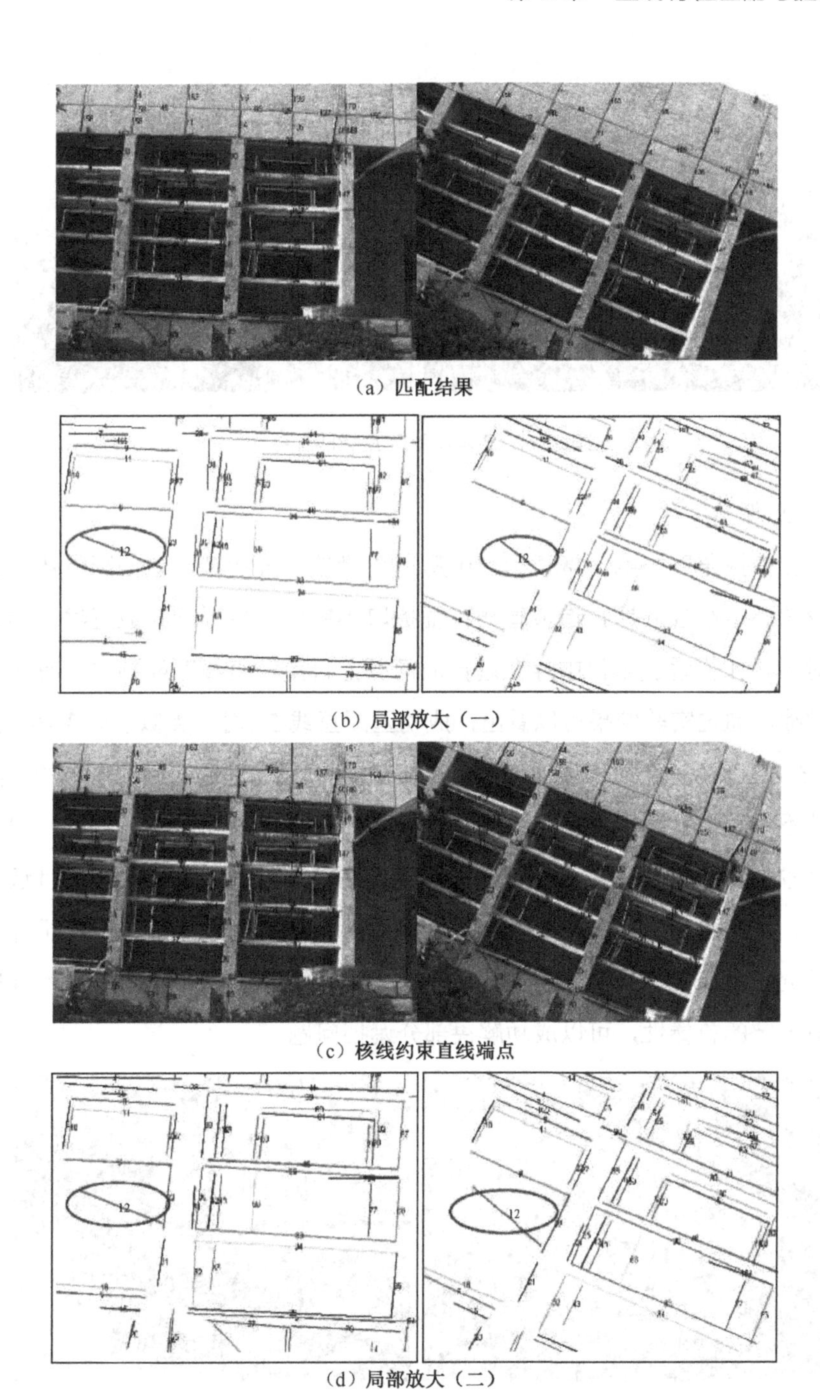

（a）匹配结果

（b）局部放大（一）

（c）核线约束直线端点

（d）局部放大（二）

图 3.14　立体像对一直线匹配结果

 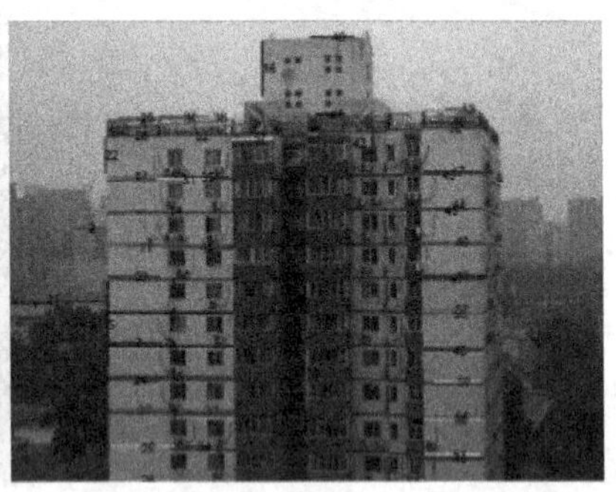

图 3.15　立体像对二直线匹配结果

3）遮挡

受拍摄角度影响，搜索影像中房屋边缘被部分遮挡，遮挡影像势必存在影像不连续性问题，造成直线特征提取不完整，以至于对应直线段端点不对应。如何解决影像中存在遮挡的问题，目前在直线匹配领域具有一定的挑战。通过实验结果可以看出，成功匹配直线 55 对，类似于图 3.16（a）中 53 号直线所存在的遮挡情况，本节仍然可以成功匹配，因为本节的匹配方法不依赖于直线端点。但图 3.16（a）中 44 号直线匹配出现错误，原因是近景影像中存在夹角较小且比较靠近的两条直线，两条直线相似且近似平行，在这种情况下影响了直线匹配精度，后续将对此类情况进行更深入的研究。从成功匹配直线对数来看，本节方法对于直线端点不确定性问题具有一定的鲁棒性，可以成功解决部分遮挡问题。

（a）同名直线与影像叠加显示

图 3.16　立体像对三直线匹配结果

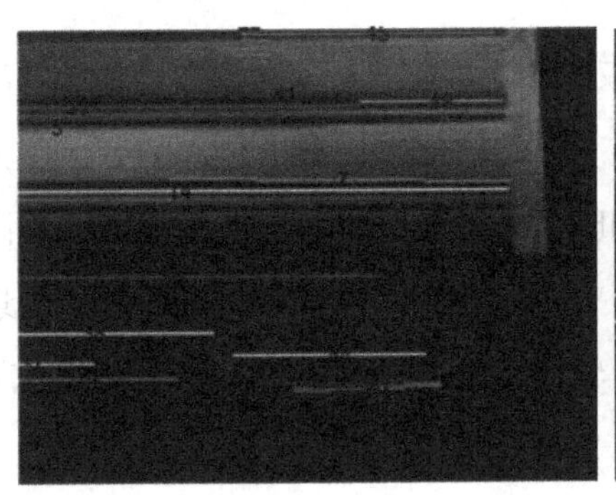
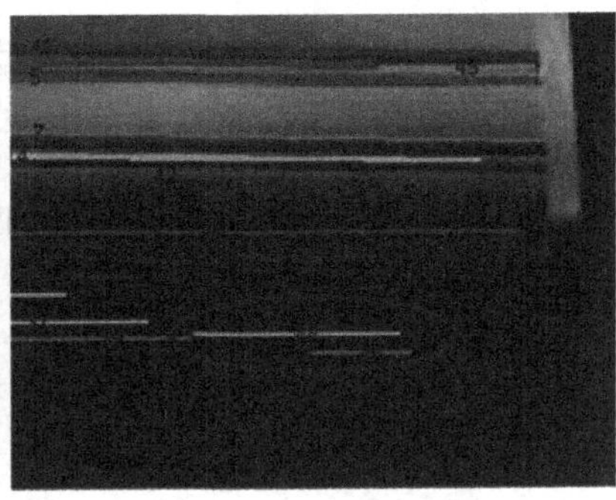

（b）局部放大

图 3.16　立体像对三直线匹配结果（续）

本书对数据库中经典方法的直线匹配结果进行了比较与分析。表 3.3 列出了三种不同类型近景影像数据的直线匹配总对数、正确匹配直线对数及匹配的正确率。文献[14]单纯利用直线描述算子完成直线匹配，由于缺乏严格的几何约束，导致匹配结果不够稳定，这种不稳定性对于尺度变换的影像显得尤为明显。文献[22]在文献[14]的基础上，通过局部仿射不变性及核线约束来匹配直线，虽然采取核线约束提高了直线匹配对数，但由于需要首先利用直线特征与邻域内以同名点为端点的虚拟直线段的相交仿射不变性进行同名直线的筛选，相对于本节采用密集匹配约束筛选同名直线就显得过于复杂和烦琐。

表 3.3　两种方法匹配结果对比分析

立体像对	匹配方法	总匹配对数	正确匹配对	匹配正确率/%
旋转变换	本节方法	170	170	100
	文献[14]	98	94	95.9
	文献[22]	101	99	98.1
尺度变换	本节方法	58	58	100
	文献[14]	30	14	46.7
	文献[22]	54	54	100
遮挡	本节方法	55	54	98.2
	文献[14]	47	45	95.7
	文献[22]	41	40	97.6

从表 3.3 可以看出，实验结果不仅在成功匹配直线对数上有所增加，而且直线匹配正确率也明显提升。通过对实验结果对比分析，本节方法在大大缩减直线匹配过程中搜索范围的同时，采取核线约束获取尽可能长的同名直线，从而改善特征线在提取过程中所出现的断裂情况。多种类型近景影像数据实验表明，匹配结果均具有较高正确率和良好稳定性，说明本节方法具有鲁棒性和普适性。

3.2 直线特征矫正与匹配结果提纯

在像对匹配过程中，现有直线匹配方法均不可避免地出现误匹配结果及匹配精度不够等问题，而导致此问题的最主要因素之一则为现有直线检测结果并不位于图像真正的边缘处，如图 3.17 所示。

（a）　　（b）

图 3.17　直线检测结果位置偏移示例

图 3.17（a）与图 3.17（b）分别为采用 LSD[26]方法得到的直线检测结果。由图可见，检测结果并没有全部位于图像的真实边缘处，这种情况将会影响后续直线匹配的准确性。目前，提纯像对点特征匹配的方法较多[27-29]，而针对提纯线特征匹配结果的方法还鲜有提出，为此本节提出一种面向图像直线特征匹配的线特征矫正与提纯方法，贡献点如下：①结合边缘图的梯度图和梯度矢量图构造梯度引力图，并以此为基础对直线位置进行矫正；

②利用点特征匹配结果，从整体角度计算摄影极线，利用极线约束与直线匹配结果共同确定直线邻域内的校验区域，通过计算区域相似性剔除误匹配结果。

3.2.1　梯度引力图

梯度矢量流（Gradient Vector Flow，GVF）[30]是通过最小化变分框架中的能量函数从图像导出的密集矢量场，常用于解决传统的变形模型对初始化的敏感性和对边界凹度的收敛性能差的问题。因其保留了梯度空间扩散的特征，故可以从图像的梯度开始在图像中进一步迭代收敛得到每幅图像的整体梯度。

将梯度矢量流（GVF）场定义为最小化能量函数的矢量场 $V(x,y)=(u(x,y),v(x,y))$

$$\varepsilon=\iint \mu({u_x}^2+{u_y}^2+{v_x}^2+{v_y}^2)+|\nabla f|^2|v-\nabla f|^2\,\mathrm{d}_x\mathrm{d}_y \tag{3.21}$$

式中，d 的下标分别代表沿 x 和 y 轴部分的导数；μ 为正则化参数，μ 的值取决于图像 I 中存在的噪声水平；$|\nabla f|$ 是根据输入图像计算的梯度幅度。GVF 场在多个区域中是缓慢变化的，能量 E 由 GVF 场的偏导数的平方和控制。采用变分法，GVF 外力场可以通过求解下列 Euler 方程得到：

$$\begin{cases}\mu\nabla^2 u-(u-f_x)({f_x}^2+{f_y}^2)=0\\ \mu\nabla^2 v-(v-f_x)({f_x}^2+{f_y}^2)=0\end{cases} \tag{3.22}$$

式中，∇^2 为拉普拉斯算子。通过这两个方程可以更加直观地理解 GVF 表达式。

通过边缘梯度图及梯度矢量图 GVF 建立梯度引力图，用来矫正直线检测结果，图 3.18 给出了构建梯度引力图的过程。令矩阵 $\boldsymbol{A}$ 记录边缘位置信息，矩阵 $\boldsymbol{B}$ 为根据 $\boldsymbol{A}$ 生成的 GVF 梯度矢量图，其形式如图 3.18（b）所示。首先，根据矩阵 $\boldsymbol{B}$ 中的信息区域创建矩阵 $\boldsymbol{C}$，给位于 $C[3,4]$、$C[4,4]$ 位置的元素分别赋值为(3,4)、(4,4)。其次，遍历 ***B*** 中所有区域，在 ***C*** 中相应的位置填写与其指向位置相同的元素值，直到遍历完 ***B*** 中的所有元素，将矩阵 ***C*** 填满。此时，矩阵 ***C*** 中各元素均被赋值，以此获得梯度引力图 ***C***，其表现形式如图 3.18（d）所示。

图 3.19 直观给出采用本节方法建立的梯度引力图。图 3.19（a）为图像的边缘图，其梯度矢量图为图 3.19（b），根据上述方法构建梯度引力图，得到图 3.19（c），可以看到图 3.19（c）中所有像素均指向对应边缘的位置。

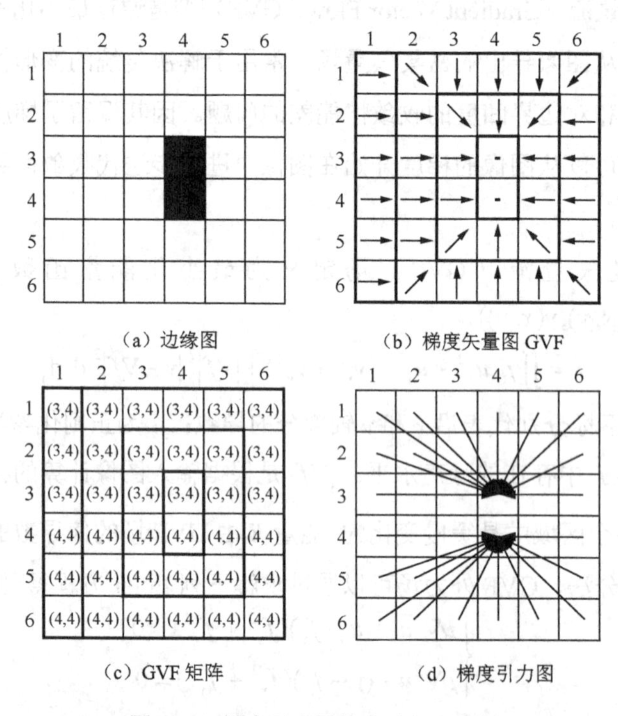

（a）边缘图　（b）梯度矢量图 GVF

（c）GVF 矩阵　（d）梯度引力图

图 3.18　梯度引力图构建过程示意图

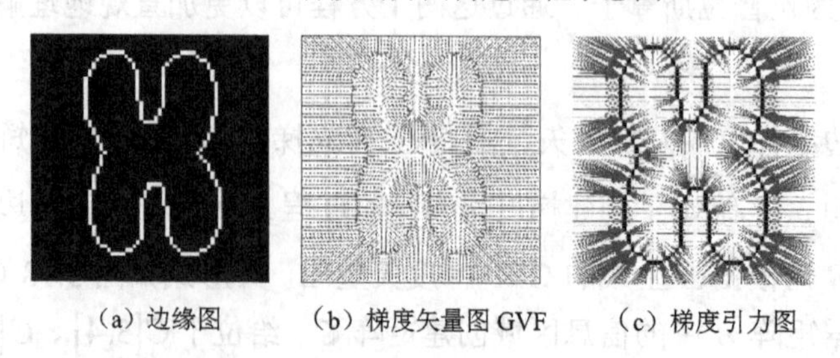

（a）边缘图　（b）梯度矢量图 GVF　（c）梯度引力图

图 3.19　梯度引力图示例

3.2.2　直线位置矫正方法

令待匹配图像为I，匹配目标图像为I'，首先利用 Canny 算子对I进行边缘检测，得到边缘图E。通过E求解梯度图G，采用一阶差分的形式计算如下：

$$\begin{cases} \mathrm{gradf}(i,j)=\sqrt{\mathrm{d}_x^2+\mathrm{d}_y^2} \\ \mathrm{d}_x(i,j)=I(i+1,j)-I(i,j) \\ \mathrm{d}_y(i,j)=I(i,j+1)-I(i,j) \end{cases} \tag{3.23}$$

式中，(i,j)为像素的坐标；$\mathrm{d}_x(i,j)$为x方向一阶偏导数；$\mathrm{d}_y(i,j)$为y方向一阶偏导数。采用式（3.22）计算梯度矢量图 GVF，图 3.20 为相关示例。

（a）测试图像

（b）边缘图

（c）边缘图梯度

（d）梯度矢量图

图 3.20　边缘梯度与梯度矢量图

直线检测方法检测到的直线通常与实际边缘存在一定的偏离，如图 3.21（a）所示。令边缘引力为F，$\rightarrow$代表运动方向，点到直线的距离为Dis，通过引力图矫正直线位置可能存在以下两种问题：

（1）第一种问题存在于角点局部区域。若$\mathrm{Dis}(p_1,e_1)<\mathrm{Dis}(p_1,e_2)$，因此有$F(P_1)\rightarrow e_1$、$F(p_2)\rightarrow e_2$，此种情况通过引力图矫正将获得错误的矫正结果，而实际上p_1应为$F(P_1)\rightarrow e_2$。

（2）第二种问题为邻接边缘处。若$\mathrm{Dis}(p_3,e_2)<\mathrm{Dis}(p_3,e_3)$，因此有$F(p_3)\rightarrow e_2$、$F(p_4)\rightarrow e_3$，此种情况通过引力图矫正也将获得错误的矫正结果，实际上p_3应为$F(p_3)\rightarrow e_3$。

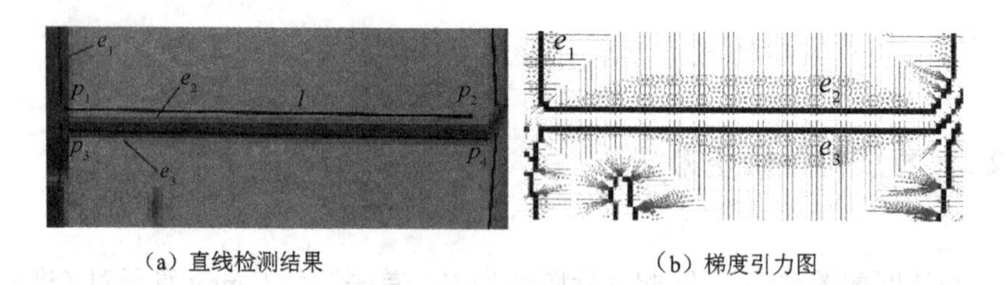

(a) 直线检测结果　　(b) 梯度引力图

图 3.21　直线矫正问题示例

针对上述情况，本节给出如下的直线矫正方法：图 3.22 中，以直线段l为例，令其长度为D，两个端点分别为p_1、p_2。沿直线l对p_1与p_2分别缩短d_1、d_2及d_3、d_4后，获得四个新端点p_{11}、p_{12}及p_{23}、p_{24}，通过梯度引力图计算p_{11}、p_{12}、p_{23}、p_{24}的矫正位置p'_{11}、p'_{12}、p'_{23}、p'_{24}，再分别根据p'_{11}、p'_{12}及p'_{23}、p'_{24}确定新的直线。

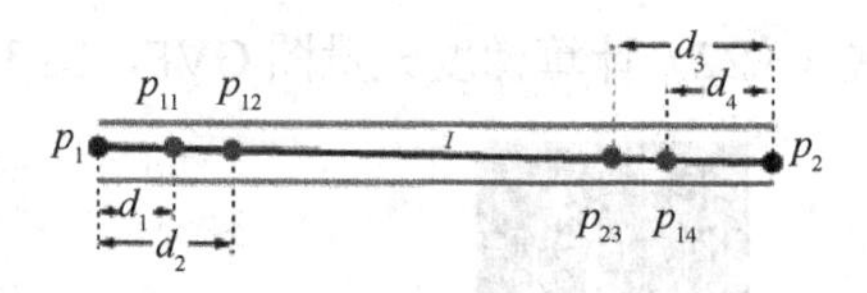

图 3.22　直线矫正示意图

由于该方法分别将直线两个端点的距离缩短了d_1、d_2及d_3、d_4，因此在求得新端点后对其进行延长，以保持与原直线段长度一致。分别以p'_{11}、p'_{12}、p'_{23}、p'_{24}为起始节点，通过式（3.24）计算获得延长线矢量：

$$\begin{cases} \boldsymbol{V}_{p'_{11}} = \text{Vector}\left[p'_{11}, d_1 \cdot \dfrac{V(p'_{12}, p'_{11})}{|V(p'_{12}, p'_{11})|} \right] \\ \boldsymbol{V}_{p'_{12}} = \text{Vector}\left[p'_{12}, |D - d_2| \cdot \dfrac{V(p'_{11}, p'_{12})}{|V(p'_{11}, p'_{12})|} \right] \\ \boldsymbol{V}_{p'_{23}} = \text{Vector}\left[p'_{23}, |D - d_3| d_4 \cdot \dfrac{V(p'_{24}, p'_{23})}{|V(p'_{24}, p'_{23})|} \right] \\ \boldsymbol{V}_{p'_{24}} = \text{Vector}\left[p'_{23}, d_4 \cdot \dfrac{V(p'_{23}, p'_{24})}{|V(p'_{23}, p'_{24})|} \right] \end{cases} \tag{3.24}$$

式中，Vector 为计算矢量函数，分别获得$\boldsymbol{V}_{p'_{11}}$、$\boldsymbol{V}_{p'_{12}}$、$\boldsymbol{V}_{p'_{23}}$、$\boldsymbol{V}_{p'_{24}}$后即可求

得矫正后的直线段的新端点。图 3.22 给出的示例是一种特殊情况，矫正后的结果将分别获得两条直线，且均位于图像边缘处。

3.2.3　提纯直线匹配结果

提纯直线匹配结果的思路为：通过点特征匹配结果计算像对极线，并结合直线匹配结果确定最后的校验局部特征区域，通过随机抽样一致小邻域范围内的特征相似性校验直线匹配结果，从而对误匹配线特征进行剔除。

如图 3.23 所示，对极几何是两视图之间内在的摄影几何，x 和 x' 分别是物方 X 在另一个摄影平面上获得的同名像点；C 和 C' 分别为摄影中心，它们之间的连线称为基线，基线所在平面为对极平面；e 和 e' 是基线与像平面的交点，即对极点，像平面与对极平面的交线即为对极线。这些对极线满足一定的几何约束关系。直线 l 为对应于点 x' 的极线，直线 l' 为对应于点 x 的极线，极线约束是指点 x' 一定在对应于 x 的极线 l' 上，点 x 一定在对应于 x' 的极线 l 上。基本矩阵是对极几何的代数表示，可通过匹配点求出，常采用归一化八点方法计算基本矩阵，基础矩阵 $\boldsymbol{F}$ 满足如下等式：

$$(\boldsymbol{x}')^{\mathrm{T}}\boldsymbol{F}x=0 \tag{3.25}$$

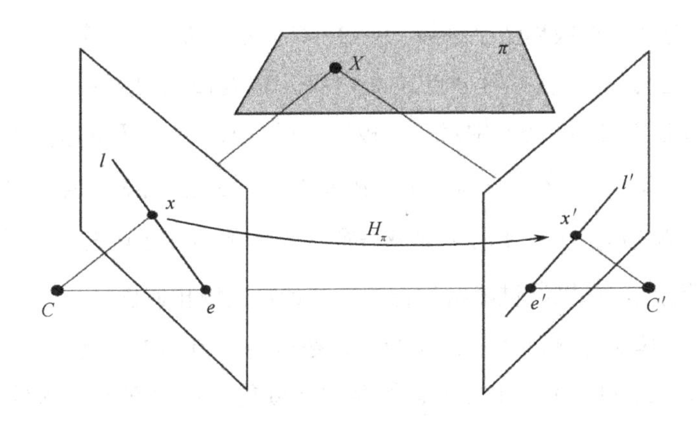

图 3.23　摄影几何描述

$$\boldsymbol{x}^{\mathrm{T}}\boldsymbol{F}^{\mathrm{T}}x'=0 \tag{3.26}$$

对于左相机图像平面，点 x 在极线 l 上，所以有 $\boldsymbol{x}^{\mathrm{T}}l=0$，根据式（3.26）可知 $l\cong\boldsymbol{F}^{\mathrm{T}}x'$，相差一个常数时，对直线方程无影响，因此可以将极线 l 直接表示为：

$$l=\boldsymbol{F}^{\mathrm{T}}x' \tag{3.27}$$

同理可得：

$$l'=\boldsymbol{F}x \tag{3.28}$$

例如，图 3.24（a）与图 3.24（b）中，水平方向直线为所求极线，水平方向浅色直线表示其中一条对应的极线。

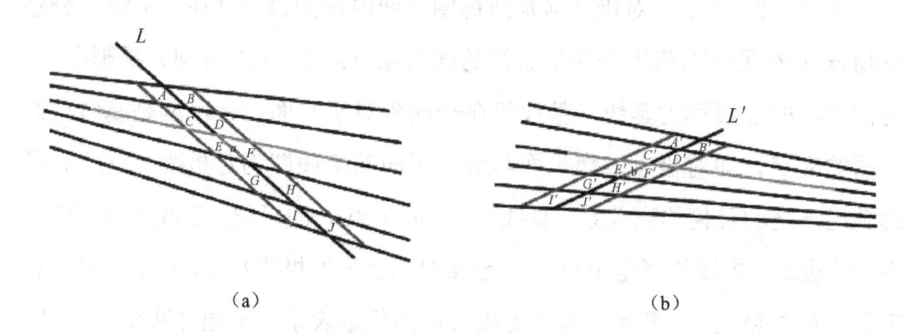

图 3.24　结合极线确定小邻域

如图 3.24 所示，L 和 L' 两端深色线条为一对匹配直线，本节以极线与直线为参考获取直线周边小邻域 A、B、C、A'、B'、C' 等。具体求解方法为等分直线段 L 获得等分点 $\{a,b,c,\cdots\}$，根据极线约束原理，可以求得 $\{a,b,c,\cdots\}$ 在图 3.24（b）中对应的极线，再根据极线与 L' 的交点求得对应的点 $\{a',b',c',\cdots\}$，该过程确定了匹配直线 L 与 L' 上的对应点，通过求取 $\{ab,bc,\cdots\}$ 及 $\{a'b',b'c',\cdots\}$ 的小邻域特征计算线条局部区域的相似性。为了加快计算速度，可以通过随机抽样的方法计算区域相似性。

其次，确定邻域的大小。实验中，令半径阈值为 R，保存小于半径的像素点（$R\leqslant$ Radius），并将所有保存的邻域重新保存在一个新的图像 I_m 中。最后，由梯度方向判断 I_m 中的像素点所属邻域是左邻域还是右邻域，如图 3.25 所示，两个黑色箭头分别表示直线 a 和直线 b 的梯度方向。为了保持方向的一致性，由直线梯度指向的区域表示右邻域，另一侧即为左邻域。

图 3.25　直线梯度方向图示

线邻域的相似性通过计算区域内像素颜色的相似性来确定。令对应的匹配区域分别为 R 与 R'，区域 R 内像素的数量为 m，区域 R' 内像素的数量为 n，采用如下公式计算邻域相似性：

$$\mathrm{Sim}(R,R') = \left| \frac{\sum_{k=1}^{m} I_k}{m} - \frac{\sum_{k'=1}^{n} I_{k'}}{n} \right| \tag{3.29}$$

通过上述方法进行计算，若随机抽取对应区域都具有较高相似性，则判定该段匹配直线是正确的，通过这种方法提纯直线匹配结果。结合 3.2.1 节与 3.2.2 节理论部分的描述，给出如下构建梯度引力图伪代码：

输入：图像 I。

输出：梯度引力图 GM。

步骤 1：计算图像 I 边缘图 E，计算 E 的大小，$[M\ N] = \mathrm{sizeof}(E)$。

步骤 2：求取 E 的梯度图 G 及梯度矢量图 GVF。

步骤 3：构造三维矩阵 $\mathrm{GM} = \mathrm{Rect}[2\ M\ N]$，其中 $\mathrm{GM}(1,:,:)$ 为 X 坐标，$\mathrm{GM}(2,:,:)$ 为 Y 坐标。根据 3.2.1 节方法结合 E 及 G 填写 GM。

步骤 4：计算每个位置上的引力值

```
mExit = true;
While(mExit)
for i = 1:M
    for j = 1:N
    {
```

```
    mExit = false;
    if (GM(1, i, j) != 0)
    {
      mExit = true;
       for kx = -1:1
       for ky = -1:1
          if (GM(1,i+kx, j+ky) == 0)
根据GVF(i+kx, j+ky)梯度方向填写。
                GM(1,i+kx, j+ky)及GM(2,i+kx, j+ky);
      }
    }
```

步骤 5：返回 GM。

结合 3.2.3 节理论部分的描述，给出如下提纯直线匹配方法伪代码：

输入：线段L的等分点$X=\{x_1,x_2,\cdots,x_m\}$，线段L'，局部邻域半径R，抽样个数K，比例阈值P。

输出：Output。

步骤1：根据X计算极线$l'=Fx_i(x_i \in X)$，求取与L'的交点集$X'=\{x_1',x_2',\cdots,x_n'\}$ $(n \leqslant m)$。

步骤2：确定分段局部邻域。

```
for i = 1 : n
{
  for j = x(i,1) - R/2 :x(i,1) + R/2
   for k = x(i,2) - R/2  : x(i,2) + R/2
    ImTemp1(j,k)  = true;
  for j = x'(i,1) - R/2  : x'(i,1) + R/2
  for k = x'(i,2) - R/2  : x'(i,2) + R/2
    ImTemp2(j,k)  = true;
}
```

步骤3：区分左右邻域。

从ImTempl中确定L的左邻域A_l与右邻域A_r；

从 ImTemp2 中确定L'的左邻域A_l'与右邻域A_r'。

步骤 4：计算直线的相似度。

随机抽样K个局部邻域，获得新集合SA_l、SA_r、SA_l'、SA_r'

```
num = 0;
for i=1:K
  if Sim(SAl(i),SAl'(i)) < T & &
     Sim(SAr(i),SAr'(i)) < T
     num + +;
  if(num / K > P)
    Output = true;
  else
    Output = false;
```

步骤 5：返回 Output。

3.2.4　实验结果与分析

为了验证本方法的有效性，选择 MATLAB 作为开发工具，CPU 主频为 3.30GHz，内存 8.00GB，分别在三组数据上进行实验。

选择 LSD 方法提取图像的直线特征作为 3.2.2 节方法的输入，对该直线特征进行矫正。以文献[31]的直线匹配结果为基础，提纯匹配直线对。选择三组具有代表性数据进行实验，实验结果如图 3.26～图 3.31 所示。

图 3.26（a）和图 3.26（b）为提取到的直线特征，图 3.26（c）和图 3.26（d）为采用本节方法对图 3.26（a）与图 3.26（b）中直线特征的矫正结果。图 3.26（a）与图 3.26（b）中，多数地面部分的直线没有完全贴合到地面花纹上，从直线矫正结果上看，较好地将这部分直线矫正到花纹的边缘处。此外，门与窗边的直线检测结果也向内部偏移或有些倾斜，经过直线矫正也矫正到门和窗的边缘处。图 3.27（a）与图 3.27（d）为以图 3.26（a）与图 3.26（b）直线特征作为输入，采用文献[31]的方法获得的

匹配结果，其中匹配线对具有相同的编号。图 3.27（b）和图 3.27（e）以图 3.26（c）与图 3.26（d）的直线特征作为输入，采用文献[31]方法获得的匹配结果，分别对图 3.27（b）和图 3.27（e）中的匹配结果提纯，得到图 3.27（c）与图 3.27（f）。

在图 3.27 中，与（a）、（d）相比，（b）、（e）在匹配结果中剔除了 27 号、25 号、30 号、3 号、1 号、8 号、2 号、7 号、4 号、6 号、17 号、21 号、23 号直线。与（b）、（e）相比，（c）、（f）剔除了 3 号、15 号、19 号直线。所有剔除的匹配线对中，具有非常明显错误的线对（如 1 号、2 号直线），由于没有位于图像的真正边缘处，导致匹配错误。以矫正后的结果作为输入进行匹配时，则可获得准确率更高的匹配结果。此外图 3.27（a）中 6 号、17 号直线位于同一条边缘且位置相邻，图 3.27（d）中与其匹配的直线位置不同，经本节方法的处理，可以较好地识别这种错误。

（a）LSD 直线检测结果（一）

（b）LSD 直线检测结果（二）

（c）图（a）的直线矫正结果

（d）图（b）的直线矫正结果

图 3.26　宽基线像对直线矫正结果

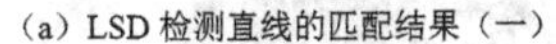

（a）LSD 检测直线的匹配结果（一）

（b）图（a）的直线矫正后的匹配结果

（c）图（b）的提纯匹配结果

（d）LSD 检测直线的匹配结果（二）

（e）图（d）的直线矫正后的匹配结果

（f）图（e）的提纯匹配结果

图 3.27　宽基线像对直线匹配与提纯结果

在图 3.28（a）与图 3.28（b）中，花盆边缘附近的直线提取结果与实际边缘存在一定缝隙，经过矫正的直线已较好地位于花盆的边缘处。商店窗框附近检测到的直线特征位置偏离更加明显，可以清楚地看到经过矫正的直线已经被拉回正确位置。在图 3.29 中，与（a）、（d）相比，（b）、（e）在匹配结果中剔除了 16 号、12 号、19 号、17 号、14 号、26 号、20 号直线。与（b）、（e）相比，（c）、（f）剔除了 16 号直线。这组实验中的（a）与（d）匹配错误不够明显，如 17 号与 19 号直线虽然在同一侧平面上，但在（a）图中位于侧平面的中间位置，而在（b）图中位于侧平面的边缘位置，易导致错误的匹配结果，其主要原因是由于 LSD 检测到边缘位置的直线向侧平面的中间偏移，匹配时则判定该特征是位于中间位置的直线所致，采用本节方法可以较好地解决这部分问题。

图 3.30（a）与图 3.30（b）中检测到的直线条比较规整，但在水平方向上的直线整体向上偏移，垂直方向的直线整体向左侧偏移，经过矫正后较好地解决了该问题，同时一些倾斜的直线也被拉回真正的边缘处。在图 3.31 中，与（a）、（d）相比，（b）、（e）在匹配结果中剔除了 121 号、113 号、145 号、115 号、142 号、134 号、109 号、93 号、99 号、114 号、

146 号直线。与（b）、（e）相比，（c）、（f）剔除了 105 号直线。由于这组数据仅为尺度变换像对，因此匹配正确的直线相对较多，但依然存在部分错误，如 115 号、142 号直线对的明显错误对匹配结果影响较大，通过本节方法处理后，可以剔除这部分误匹配结果。

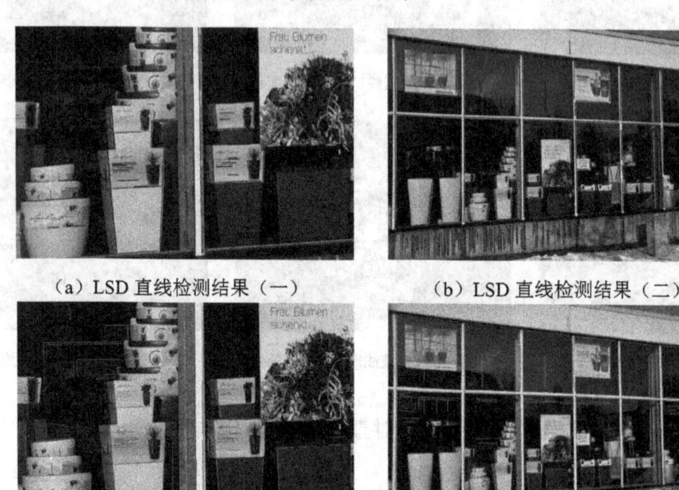

（a）LSD 直线检测结果（一）　（b）LSD 直线检测结果（二）

（c）图（a）的直线矫正结果　（d）图（b）的直线矫正结果

图 3.28　视角变化像对直线矫正结果

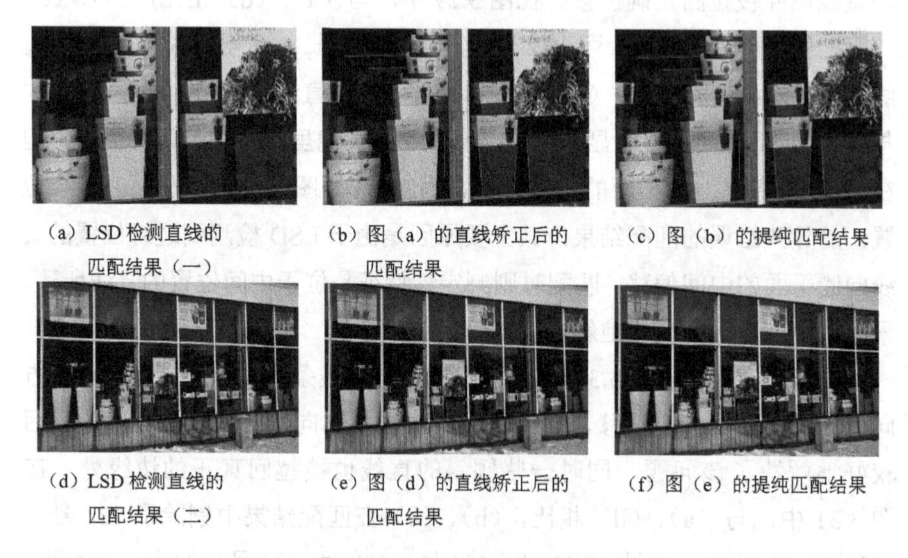

（a）LSD 检测直线的匹配结果（一）　（b）图（a）的直线矫正后的匹配结果　（c）图（b）的提纯匹配结果

（d）LSD 检测直线的匹配结果（二）　（e）图（d）的直线矫正后的匹配结果　（f）图（e）的提纯匹配结果

图 3.29　视角变化像对直线匹配与提纯结果

（a）LSD 直线检测结果（一）

（b）LSD 直线检测结果（二）

（c）图（a）的线矫正结果

（d）图（b）的直线矫正结果

图 3.30　尺度变化像对直线矫正结果

（a）LSD 检测直线的匹配结果（一）

（b）图（a）的直线矫正后的匹配结果

（c）图（b）的提纯匹配结果

（d）LSD 检测直线的匹配结果（二）

（e）图（d）的直线矫正后的匹配结果

（f）图（e）的提纯匹配结果

图 3.31　尺度变化像对直线匹配与提纯结果

综上所述，本节选择LSD方法的直线检测结果作为输入，存在较多直线偏离正确位置的情况，经过本节给出的直线矫正方法，对位置有偏离的直线进行调整，能够提高直线匹配的准确率。此外，通过3.2.3节的直线对提纯方法的处理可以更好地剔除误匹配直线对，从而进一步提高配准率。该方法不仅适用于对所有直线提取结果的矫正，同时易于与现有直线特征匹配方法结合，提高其准确率。

将三组数据的量化比较结果在表3.4中给出。其中，第一列为不同像对的实验编号，第二列为采用LSD直线检测结果进行匹配所获直线对的数量及准确率。第三列为对LSD直线检测结果矫正后所获数量及准确率，第四列为对匹配结果提纯之后的匹配线对数量及准确率。

表3.4　实验分析

实验编号	直线匹配直线对数量（准确率）	矫正后匹配直线对数量（准确率）	提纯匹配直线对数量（准确率）	准确率提高百分比
图3.26	32（50%）	19（84%）	16（100%）	50%
图3.28	27（70%）	20（95%）	19（100%）	30%
图3.30	160（92%）	149（99%）	148（100%）	8%

如表3.4所示，第一行数据为一组针对宽基线像对的实验结果，直接采用直线匹配方法获得的匹配结果中存在较多错误匹配直线对，对LSD进行直线矫正后，剔除了大部分误匹配直线对，将匹配准确率从50%提高到84%。此时仍然存在少量错误匹配直线，继续对匹配结果提纯，获得了100%的匹配准确率。

第二行数据为另一组宽基线像对的实验结果，经本节方法处理后准确率提高同样较为明显，达到了30%。与前两组实验相比，第三行数据的实验对象摄影姿态变化不大，仅在尺度上有所区别。直接采用直线匹配方法匹配像对已获得较好的匹配结果，但依然存在误匹配直线对，经本节方法处理后，准确率从92%提高到100%。综上所述，在各数据集上的实验结果表明，本节提出的方法可以较好地提高像对间直线特征匹配的准确率。

3.3 本章小结

本章针对现有直线特征匹配方法存在的问题，给出了三种直线特征匹配方法：重合度约束直线特征匹配、线段元支撑区主成分相似性约束特征线匹配、多重约束下的直线特征匹配方法，从不同的方面提高了现有直线特征匹配的准确率。此外，给出一种面向图像直线特征匹配的直线特征矫正与提纯方法，该方法不仅可以矫正偏离正确位置的直线，解决由于直线位置偏离等原因产生错误匹配直线的问题，而且能够较好地剔除错误的匹配直线对，进一步提高准确率，该方法可以很容易地对其他直线特征匹配结果进行矫正与提纯，具备较高的实用性。

参考文献

[1] Tang F，Lim S H，Chang N L，et al. A novel feature descriptor invariant to complex brightness changes[C]. IEEE Conference on IEEE，2009：2631-2638.

[2] Hu H X，Li G. Line matching based on binary relations of geometric attributes[J]. Journal of Image and Graphics，2014，19（9）：1338-1348.

[3] Zhao Q Q. Line Matching Method Based on a New Geometric Invariant：CHR-IMP Method[D]. Dalian University of Technology，2013.

[4] Wang J X，Song W D，Han D，et al. Feature Line Matching Algorithm for Aerial Image based on Continuity Constraint of Edge Parallax[J]. Journal

of Signal Processing，2015，31（3）：364-371.

[5] Lowe D G. Distinctive Image Features from Scale-invariant Key Points[J]. International Journal of Computer Vision，2004，60（2）：91-110.

[6] Mains J，Chum O. Randomized RANSAC with $T_{d,d}$ Test[J]. Image and Vision Computing，2004，22（10）：837-840.

[7] Hartley R，Zisseman A. Multiple View Geometry in Computer Vision[M]. Cambridge：Cambridge University Press，2000.

[8] Zhao L K，Song W D，Wang J X. Straight Line Extraction Algorithm of Freeman Chain Code Priority[J]. Geomatics and Information Science of Wuhan University，2014，39（1）：42-46.

[9] Wang J X，Song W D，Zhao L K，et al. Application of Improved Freeman Chain Code in Edge Tracking and Straight Line Extraction[J]. Journal of Signal Processing，2014，30（04）：422-430.

[10] Wang Z H，Dong M L，Zhu L Q，et al. Image Matching Method Based on Epipolar Geometry and Affine Transformation[J]. Tool Engineering，2007，41（2）：74-77.

[11] Wu X，Zhou J. A Block Matching Algorithm Based on Un-calibrated Camera Affine Transformation[J]. Jouranl of Image and Graphics，2009，14（11）：2378-2382.

[12] 徐丽燕. 基于特征点的遥感图像配准方法及应用研究[D]. 南京：南京理工大学，2012.

[13] Fan B，Wu F C，Hu Z Y. Line matching leveraged by point correspondences[C]. Pro of the IEEE International Conference on Computer Vision and Pattern Recognition，2010：390-397.

[14] Wang Z H，Wu F C，Hu Z Y. MSLD：A robust descriptor for line matching[J]. Pattern Recognition，2009，42：941-953.

[15] Morel J M，Yu G. ASIFT：A New Framework for Fully Affine Invariant Image Comparison[J]. Siam Journal on Imaging Sciences，2009，2（2）：438-469.

[16] Wang Z，Fan B，Wu F. Affine Subspace Representation for Feature Description[J]. Eprint Arxiv，2014，8695：94-108.

[17] Ping D，Galatsanos N P. Affine Transformation Resistant Watermarking Based On Image Normalization[C]. International Conference on，2002：489-492.

[18] Schmid C，Zisserman A. The Geometey and Matching of Lines and Curves Over Multiple Views[J]. International Journal of Computer Vision，2000，40（3）：199-233.

[19] Malik J，Dahiya R，Sainarayanan G. Harris Operator Corner Detection using Sliding Window Method[J]. International Journal of Computer Applications，2011，22（1）：28-37.

[20] Liang Y，Sheng Y H，Zhang K. Linear Feature Matching Method Based on Local Affine Invariant and Epipolar Constraint for Close-range Images[J]. Geomatics and Information Science of Wuhan University，2014，39（2）：229-233.

[21] Jia F M，Kang Z Z，Yu P. A SIFT and Bayes Sampling Conscnsus Method for Image Matching[J]. Acta Geodaetica et Cartographica Sinica，2013，42（6）：877-883.

[22] Yang H C，Zhang S B，Zhang Q Z. Least Squares Matching Methods for Wide Base-line Stereo Imagea Based on SIFT Features[J]. Acta Geodaetica et Cartographica Sinica，2010，39（2）：187-194.

[23] Lowe D G. Distinctive image features from scale-invariant keypoints[J]. International Journal of Computer Vision，2004，60（2）：91-110.

[24] Kim T，Im Y J. Automatic satellite image registration by combination of matching and random sample consensus[J]. IEEE Transactions on Geoscience & Remote Sensing，2003，41（5）：1111-1117.

[25] Yang H，Zhang S. Least Squares Matching Methods For Wide Base-Line Stereo Images Based On Sift Features[J]. Cehui Xuebao/acta Geodaetica Et Cartographica Sinica，2010，39（2）：187-194.

[26] Wang L，You S，Neumann U. Supporting range and segment-based hysteresis thresholding in edge detection[C]. IEEE International Conference on Image Processing，2008.

[27] Ma J，Zhao J，Tian J，et al. Robust Point Matching via Vector Field Consensus[J]. IEEE Transactions on Image Processing，2014，23（4）：1706-1721.

[28] Bian J，Lin W Y，Matsushita Y，et al. GMS：Grid-Based Motion Statistics for Fast，Ultra-Robust Feature Correspondence[C]. CVPR，2017：2828-2837.

[29] Chen F J，Han J，Wang Z W，et al. Image registration algorithm based on improved GMS and weighted projection transformation[J]. Advances in Laser and Optoelectronics，2018：1-13.

[30] Xu C，Prince J L. Snakes，shapes，and gradient vector flow[J]. IEEE Transactions on Image Processing A Publication of the IEEE Signal Processing Society，1998，7（3）：59-69.

[31] Jia Q，Gao X，Fan X，et al. Novel Coplanar Line-Points Invariants for Robust Line Matching Across Views[C]. European Conference on Computer Vision. Springer International Publishing，2016：599-611.

第 4 章

04

模板特征选取与匹配

图像模板匹配法常用于寻找像对间区域的对应关系，目前尚存在的问题有两个：①随着摄影基线的增加，待匹配区域在目标影像中有效信息逐渐降低；②匹配区域的选择对匹配结果准确性影响较大。本章就上述问题给出了一些解决方法。

4.1　像对模板选择与匹配

模板匹配方法通常考虑所有可能的变换，包括旋转、尺度及仿射变换。Alexe 等人[1]提供了一种高效的计算方式处理两幅图像匹配窗口中的高维矢量，该方法提取两个窗口重叠部分的边界，并使用它去限制与匹配多窗口。Tsai 等人[2]提出使用波分解与环形投影提高匹配准确率，并重点考虑旋转变换。Kim 等人[3]给出一种灰度模板匹配方法，该方法具备较好的抗旋转与尺度变换能力。Yao 等人[4]提出一种搜索颜色纹理的方法，该方法同样考虑了旋转与尺度变换。在宽基线条件下，后三种方法存在匹配质量不高的问题。另一项相关研究为 Tian 等人[5]的工作，该方法对密度形变场进行参数估计，是一种从目标变换参数空间中获得最小变换距离的方法。FAST-Match[6]由

Korman 等人于 2013 年提出，该方法通过抽样计算匹配区域像素间最小化 SAD 判定匹配结果，并使用全局模板匹配[7]实现加速搜索，但对彩色图像匹配前需要将其预先转化为灰度图像。文献[8]以该方法为基础，实现了一种由粗到精的区域选择与匹配。CFAST-Match 由 Jia 等人[9]提出，通过计算模板区域中不同颜色所占比例提高彩色图像模板匹配的准确性，但该方法需要对部分参数依据经验进行设置，此外该方法使用密度聚类（DBSCAN）[10]，在处理大尺寸图像时执行时间长，降低了该方法的实用性。

在同物方影像的采集过程中，随着摄影基线的增大，待匹配区域在目标影像中有效信息逐渐降低，在这种情况下利用图像中的多种信息、选择合适的待匹配位置成为提高匹配准确性的有效手段，为此本节提出一种基于分值图的图像模板选择与匹配方法。主要贡献点为：①提出抽样矢量归一化方法（SV-NCC），提高彩色图像块间匹配的实用性；②依据选取的模板中所包含的颜色或颜色组合在待匹配图像中越少，则匹配正确性概率越高这一规律，提出一种分值图的计算方法，利用分值图排序模板区域，并选取高分值区域作为最终的模板选择区域，通过实验验证了本节方法的有效性。

4.1.1 SV-NCC 度量彩色图像块间的相似性

彩色图像灰度化的过程将损失部分重要信息。如图 4.1（a）所示，该图由三种颜色构成，其 RGB 值分别为（69，0，0）、（0，35，0）、（0，0，182）。图 4.1（b）是由图 4.1（a）灰度化获得的结果。由图可见，红、绿、蓝区域转化后的灰度相同，其值均为 21。可见，当使用模板匹配方法时，损失了原有图像中的颜色信息，可能导致匹配错误率升高。

令图像 I_1 与 I_2 间的区域相似性 $\Delta_T(I_1,I_2)$ 由 SAD（Sum of Absolute Differences）计算得到，令 $\boldsymbol{T}$ 为 I_1 中的像素 p 到 I_2 中像素间的仿射变换矩

阵，则有如下方程：

$$\varDelta_T(I_1,I_2)=\frac{1}{n_1^2}\sum_{p\in I_1}\left|I_1(p)-I_2\left[\boldsymbol{T}(p)\right]\right| \tag{4.1}$$

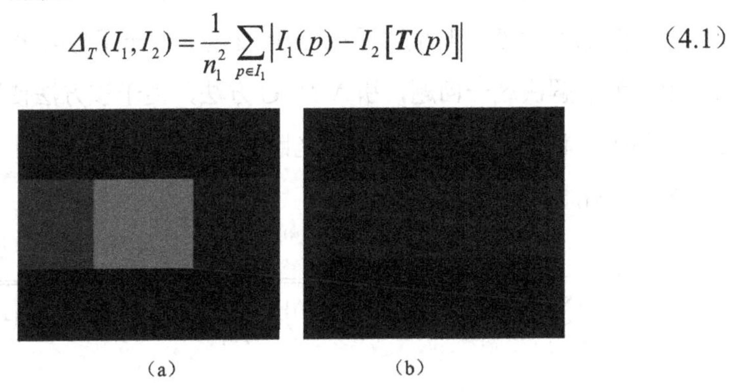

（a）　　　　　　　（b）

图 4.1　彩色图像转灰度图像的信息损失

式中，n_1 为随机选取的像素点个数。文献[6]的创新点主要包含两个方面：①尺度、旋转、切变的变换步长通过经验参数 δ 进行控制，即如何获得式(4.1)中的 $\boldsymbol{T}$ 变换；②通过参数 ℓ 控制抽样点，以此计算 $I_1(p)$ 与 $I_2\left(\boldsymbol{T}(p)\right)$ 的相似性。采用式（4.1）处理图 4.1（a），需要先将图 4.1（a）转化为图 4.1（b），然而图 4.1（b）中区别不同区域的信息已经消失。为了避免图 4.1 中的问题，文献[9]采用 CSAD 度量区域间的相似性：

$$d_T(I_1,I_2)=\frac{1}{n_1^2}\sum_{p\in I_1}F\left(I_1(p),I_2\left(\boldsymbol{T}(p)\right)\right) \tag{4.2}$$

$$F\left(I_1(p),I_2\left(\boldsymbol{T}(p)\right)\right)=\begin{cases}\left[\left|I_1^R(p)-I_2^R\left(\boldsymbol{T}(p)\right)\right|+\left|I_1^G(p)-I_2^G\left(\boldsymbol{T}(p)\right)\right|+\right.\\ \left.\left|I_1^B(p)-I_2^B\left(\boldsymbol{T}(p)\right)\right|\right]\times\Delta s(p),\\ \text{if}\left[\text{Dist}\left(C\left(I_1(p)\right),I_2\left(\boldsymbol{T}(p)\right)\right)\leqslant r\right]\\ 1,\ \text{if}\left[\text{Dist}\left(C\left(I_1(p)\right),I_2\left(\boldsymbol{T}(p)\right)\right)>r\right]\end{cases}$$

上述公式使用彩色图像中 RGB 通道的颜色值，Dist(*)用来计算两个输入参数间的相似性；$\Delta s(p)$ 为 p 所在区域的分值系数；r 为距离阈值半径。采用式（4.2）方法存在的问题有：① r 与 $\Delta s(p)$ 需要根据经验预先设置；②采用 DBSCAN 方法对整幅图像进行处理，当图像尺寸较大时，处理时间过长。

为了解决上述问题，考虑摒弃Δs与r这两个参数，然而这种处理方式降低了匹配的准确性，其根本原因在于Δs与r对光照与噪声干扰起到了抑制作用。为了解决这一问题，引入NCC方法，由于该方法使用了“均值”与“互相关”计算，因此对噪声与光照都有一定的抑制作用，提出如下抽样矢量归一化相关方法SV-NCC：

$$\Delta_T(I_1,I_2)=\frac{\sum_{p\in I_1}\sum_{m\in K}\left|I_1^{V(m)}(p)-E\left(I_1^{V(m)}(p)\right)\right|\cdot\left|I_2^{V(m)}(\boldsymbol{T}(p))-E\left(I_2^{V(m)}(\boldsymbol{T}(p))\right)\right|}{\sqrt{\sum_{p\in I_1}\sum_{m\in K}\left[I_1^{V(m)}(p)-E\left(I_1^{V(m)}(p)\right)\right]^2\cdot\sum_{p\in I_1}\sum_{m\in K}\left[I_2^{V(m)}(\boldsymbol{T}(p))-E\left(I_2^{V(m)}(\boldsymbol{T}(p))\right)\right]^2}} \tag{4.3}$$

式中，$\boldsymbol{T}(*)$为仿射变换函数；$\boldsymbol{T}(p)$用于求取p点仿射变换后的坐标；$E(*)$用于求取*位置上的子图均值；$\boldsymbol{V}(m)$为m通道的矢量值；K为通道数。为了更好地完成匹配，将彩色图像由RGB空间转换到Lab空间，其好处在于可以更好地控制亮度的相似性，即在对L通道按式（4.3）进行计算时，可以加入比例系数λ，调节亮度相似性所占比例。如图4.2中的立方体区域中均偏红色，通过控制λ的高度获得相似颜色的区分。例如，当计算两幅彩色图像的相似性时，通过计算<a b>的SV-NCC是否落在长为w、宽为h的立方体内，以此判断模板与匹配区域的相似度。因此仿射变换相似性估计$\Delta_T(I_1,I_2)$可以通过如下抽样方法获得：

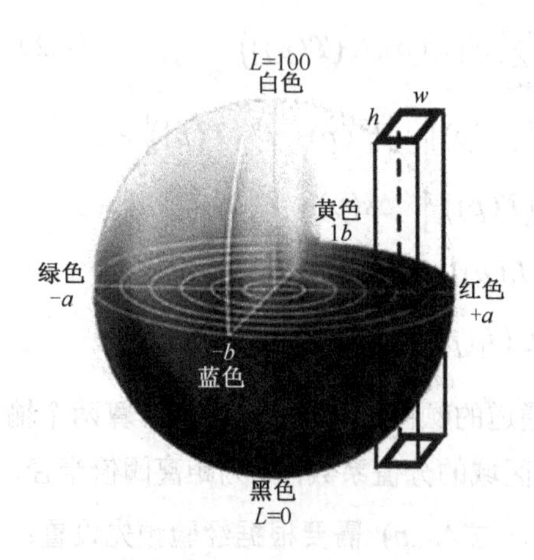

图4.2　Lab空间图示

（1）令输入彩色图像为I_1与I_2，精度参数ℓ[6]及仿射变换矩阵$\boldsymbol{T}$。

（2）根据$m=\Theta(1/\ell^2)$[6]采样$p_1,p_2,\cdots,p_3,p_m\in I_1$的<$a$　b>通道值，利用式（4.3）计算SV-NCC作为$\Delta_T(I_1,I_2)$的估计值。

4.1.2　分值图与选择最佳模板匹配位置

采用模板匹配方法匹配两幅图像时，匹配模板位置的选择对匹配准确率影响很大。图 4.3（a）由四种色块构成，图 4.3（b）为图 4.3（a）经过仿射变换得到的。图 4.3（a）中 A～D 区域为模板选择区域，在与图 4.3（b）进行匹配时，由于模板 A～C 均存在多相似性区域，导致很难获得准确的匹配结果，而模板 D 中存在的颜色组合唯一，在图 4.3（b）中仅位于图像中心处，因此容易准确匹配。由此可见，选择颜色或颜色组合在目标图像中出现尽可能少的区域作为模板容易提高匹配的准确率。

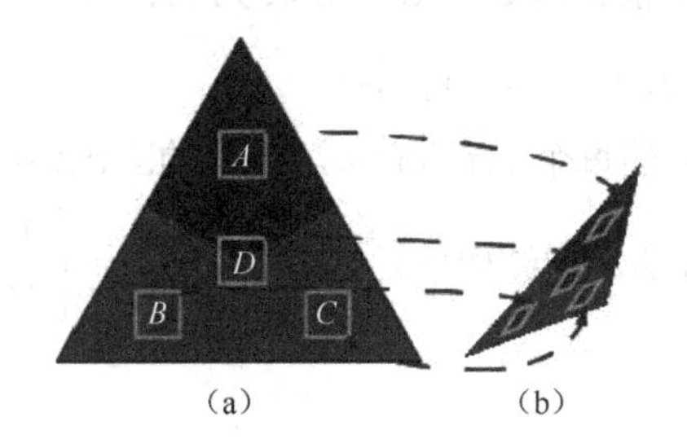

图 4.3　模板匹配存在的问题

尽管如此，由于图 4.3（a）中每个区域在图 4.3（b）中进行比较是一件非常耗时的事，因此采用如下方法解决该问题：在矢量空间中对图像进行聚类，将模板区域根据颜色分为几类，统计匹配图像的每个区域类中心颜色在待匹配图像中相似数量的倒数作为度量值，为每个区域打分，分数越高则颜色或颜色组合在目标图像中相似的概率越小：

$$\text{ScoreMap}(i,j)=\frac{1}{\text{CountSim}\left(I_1(i,j),I_2\right)+o} \tag{4.4}$$

式中，I_1 与 I_2 分别为待匹配与匹配图像；(i,j) 为当前像素点坐标；$\text{CountSim}\left(I_1(i,j),I_2\right)$ 用于计算 I_1 中 (i,j) 位置像素在 I_2 中的相似数量；o 用于确保分母不为 0；ScoreMap 为分值表。在聚类后的图像上滑动匹配窗口，计算不同类别的数量，以此作为选择区域的颜色组合数，结合分值图 ScoreMap 计算每个位置的选择优先度，具体过程如下：

（1）将图像 I_1 与 I_2 根据块大小的设定进行分块，分别获得 N_1、N_2 个分块，构成集合 B_1、B_2。

（2）分别对于每个分块的 $<R, G, B>$ 三维数据进行密度聚类（DBSCAN）处理，获得集合 DB_1、DB_2。

（3）分别求取 DB_1、DB_2 中每个分块内部同类标号（标号为 DBSCAN 方法的输出结果，标号相同的位置代表同一类）的相同通道均值，记为 $\overline{R}$、$\overline{G}$、$\overline{B}$，建立结构 $s = [\,\overline{R}\ \overline{G}\ \overline{B}\ \mathrm{BN} <x_1, y_1>, \cdots, <x_n, y_n>]$，获得结构集 S_1 与 S_2。其中，BN 为分块号，$<x_1, y_1>, \cdots, <x_n, y_n>$ 为当前同类标号的坐标。

（4）将 S_1 与 S_2 中前三项 $\overline{R}$、$\overline{G}$、$\overline{B}$ 转为 L、a、b，即令每个结构单元为 $s = [L\ a\ b\ \mathrm{BN} <x_1, y_1>, \cdots, <x_n, y_n>]$。

（5）计算 S_1 到 S_2 的每个 s 单元间 $<L\ a\ b>$ 的欧氏距离，累计小于阈值 T_r 的数量 N，并将 $\frac{1}{N}$ 替换 S_1 中结构单元首字节，即 $s = \left[\frac{1}{N} a\ b\ \mathrm{BN} <x_1, y_1>, \ldots, <x_n, y_n>\right]$

（6）构造行列分别为 m 及 n 的零矩阵 **SM**，遍历 S_1 中所有的 s，对于每个 s，将 $\left[\frac{1}{N}\right]$ 根据 $[\mathrm{BN}\ <x_1, y_1>, \cdots, <x_n, y_n>]$ 填入矩阵 **SM**（BN 为分块编号，$<x_1, y_1>, \cdots, <x_n, y_n>$ 为当前同类标号的坐标）。

（7）输出分值图 ScoreMap。需要说明的是，上述过程虽然用到了 DBSCAN 方法，但由于对图像进行了分块处理，因此无论图像尺寸有多大，均不会极大地增加像素聚类处理时间。另外，分块聚类尽管会出现“马赛克”现象，但不会影响后续分值的计算。利用上述分值图，通过积分图的方式排序每个模板区域，将前 n 个分值最高区域作为最后的选择结果，计算过程如下：

（1）计算分值图 ScoreMap 的积分图[9]，记为 SMSAT 。

（2）设定待匹配模板大小为 $W \times H$ 。

（3）遍历 SMSAT 中的每个点（i,j），通过以下公式计算以（i,j）为左上角、（i+W,j+H）为右下角的矩形区域分值累计值 BS：

$$\mathrm{BS} = \mathrm{SAT}(i+W, j+H) + \mathrm{SAT}(i, j) - \mathrm{SAT}(i+W, j) - \mathrm{SAT}(i, j+H)$$

构造 $m \times n$ 个单元<BS i j>，获得集合 S 。

（4）依据 BS 的值由大到小排序集合中的单元<BS i j>，获得排序好的集合 S 。

（5）从 S[0] 开始，通过 S 中的<i j>抽取不相邻的 n 个区域，获得集合 R。

（6）返回 R 作为最后的模板选择结果。

4.1.3　实验结果与分析

选用 4 核主频为 3.3GHz 的 CPU，内存为 8GB 的计算机作为实验环境，采用 MATLAB 编码。采用牛津大学数据 Graf[11]，其中包含六张从不同视角拍摄的同目标影像，以及建筑影像数据 Pascal VOC 2010[12]，模板大小设置为100像素×100像素 、$T_r = 2$ 、$\delta = 0.25$ 、$l = 0.15$ 。采用 SV-NCC 方法省去文献[9]中 CSAD 的 Δs 与 r 两个参数设置，提高了匹配方法的实用性，其匹配结果与 CSAD 中依据经验选择这两个参数得到的匹配结果不具有可比性，因为依据经验调整 Δs 与 r 这两个参数可能获得全局最优值，因此未进行比较分析。

图 4.4 为描述分值图生成过程的示例图。图 4.4（a）为两幅包含相同场景的宽基线影像。采用分块密度聚类方法，获得如图 4.4（b）所示的结果。以该结果作为输入，采用 4.1.2 节给出的分值图计算方法，得到如图 4.4（c）所示的结果。由图 4.4（c）可见，分值最高（灰度值）的区域在目标图像中存在的部分最少；分值最低的区域在目标图像中存在的部分最多，因此

可以直观地反映出分值图计算方法的正确性。利用 4.1.2 节方法（分值图）确定分块位置，并分别采用文献[6]和 4.1 节方法进行实验，获得如图 4.5 的实验结果。图 4.5（a）为采用 4.1.2 节方法标记模板位置的图像，图 4.5（b）为采用 4.1.1 节方法获得的匹配结果，图 4.5（c）为采用文献[6]获得的匹配结果。图 4.5（d）与 4.5（e）分别为图 4.5（b）与图 4.5（c）中每个匹配位置的区域放大图。由图 4.5（d）可见，Ⅰ、Ⅱ、Ⅲ、Ⅳ、Ⅴ、Ⅸ、Ⅹ、Ⅺ、Ⅻ为正确的匹配区域，其匹配准确率为 9/12=75%，而图 4.5（e）中，仅有Ⅱ、Ⅲ、Ⅴ为正确匹配区域，其准确率为 25%，验证了 4.1.2 节方法的有效性。

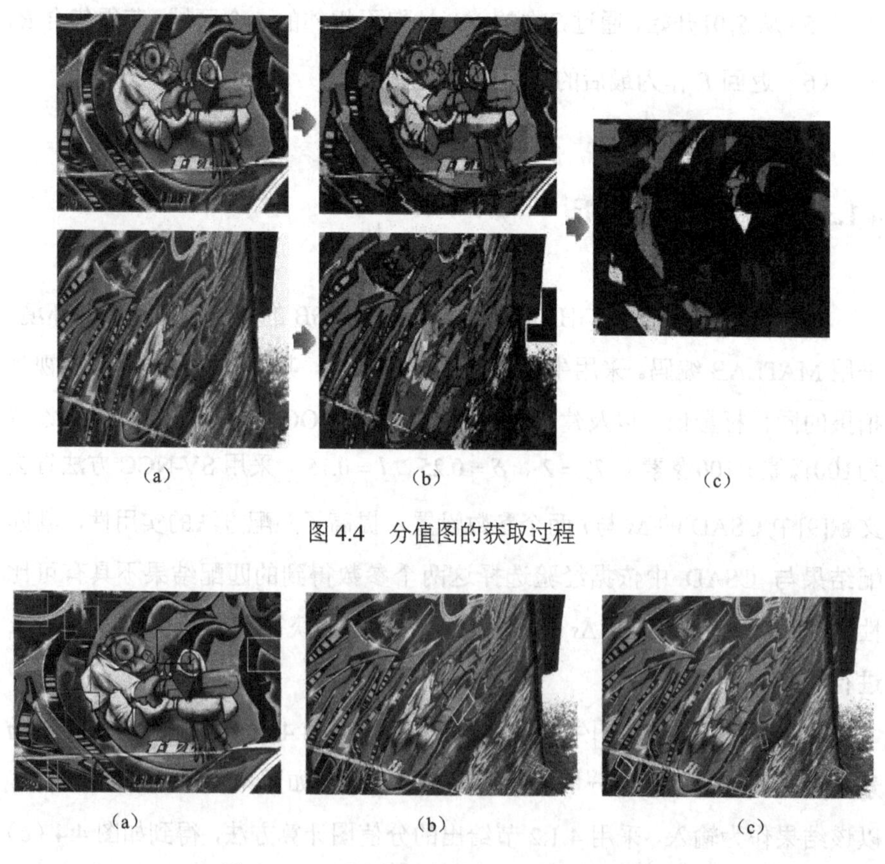

(a)　(b)　(c)

图 4.4　分值图的获取过程

(a)　(b)　(c)

图 4.5　4.1 节方法与文献[6]的匹配结果对比

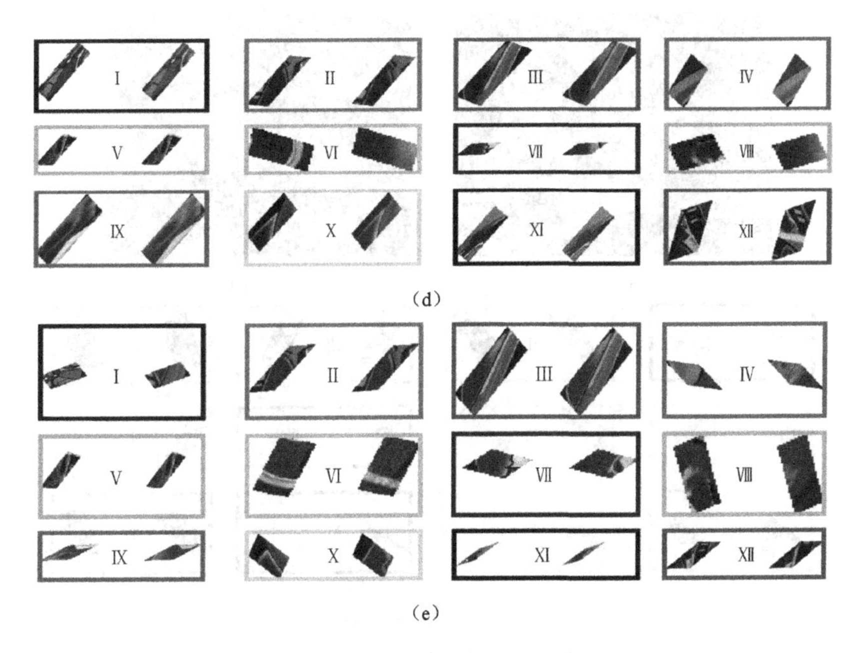

图 4.5　4.1 节方法与文献[6]的匹配结果对比（续）

图 4.6（a）为采用随机方法确定的模板位置（模板间不重叠，尽可能使模板分布均匀），图 4.6（b）为采用 4.1.1 节方法获得的匹配结果，相应的局部放大区域如图 4.6（c）所示。由图 4.6（c）可见，正确的匹配区域为Ⅱ、Ⅵ、Ⅸ、Ⅻ，其匹配准确率为 33%，低于 75%。对比图 4.5（d）与图 4.6（c）明显可见，依据分值表选择的模板匹配准确性更高，验证了 4.1.1 节方法的有效性。图 4.7 选择的实验影像为另一组宽基线影像，图 4.7（a）标记的模板区域由图 4.7（b）的分值图获得，图 4.7（c）与图 4.7（d）分别为采用本节方法和文献[6]的方法获得的匹配结果，尽管两幅图像中存在多相似性区域，但从实验结果上同样验证了 4.1 节方法优于文献[6]给出的方法。

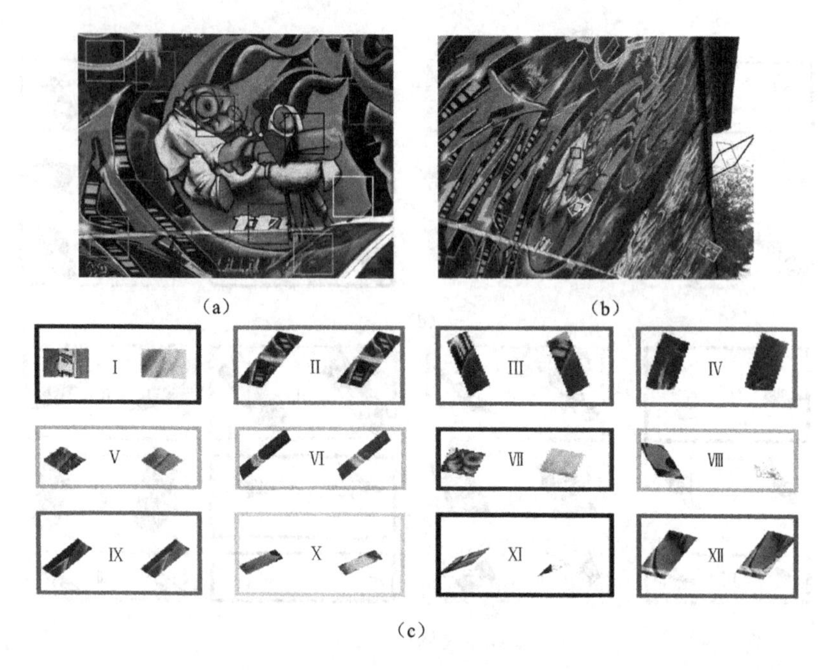

图 4.6　随机选择模板匹配结果

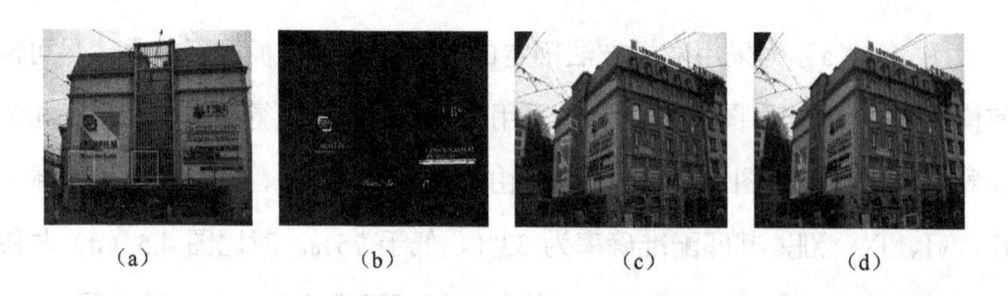

图 4.7　建筑影像匹配结果对比

图 4.8 为一组采用牛津大学数据 Graf[11]获得的方法性能评估图，由图 4.8（a）可见随着图像编号的增加，摄影基线逐渐增大。图 4.8（b）为采用 4.1.1 节方法与文献[6] 方法的对比结果。由图可见，在摄影基线变换不大的情况下，两种方法的准确率较高，均达到 90%以上。随着摄影基线的增加，文献[6]采用的 SAD 方法匹配准确率降低速率更快，如在编号为 6 的图像中采用的 SV-NCC 方法匹配准确率高于 40%，文献[6]方法匹配准确率低于 20%。图 4.8（c）为采用 4.1.1 节方法匹配所有位置的实验结果，浅色曲线为落在高分值图区域（分值高于平均值）且匹配正确的比率，深色曲线

为未落在高分值图区域且匹配正确的比率。由图 4.8 可见，高分值图区域的合理选择将提高模板匹配方法的准确率，同样验证了 4.1.2 节方法的有效性。为了缩短方法的处理时间，采用多核 CPU 通过并行 DBSCAN 方法处理对每个分块进行密度聚类。例如，采用 8 核 CPU 处理800像素×600像素 的图像，当分块大小为100像素×100像素 时，平均耗时为 2.8s。排序分值图利用积分图 SAT，同样降低了计算复杂度，提高了 4.1 节方法的执行效率。

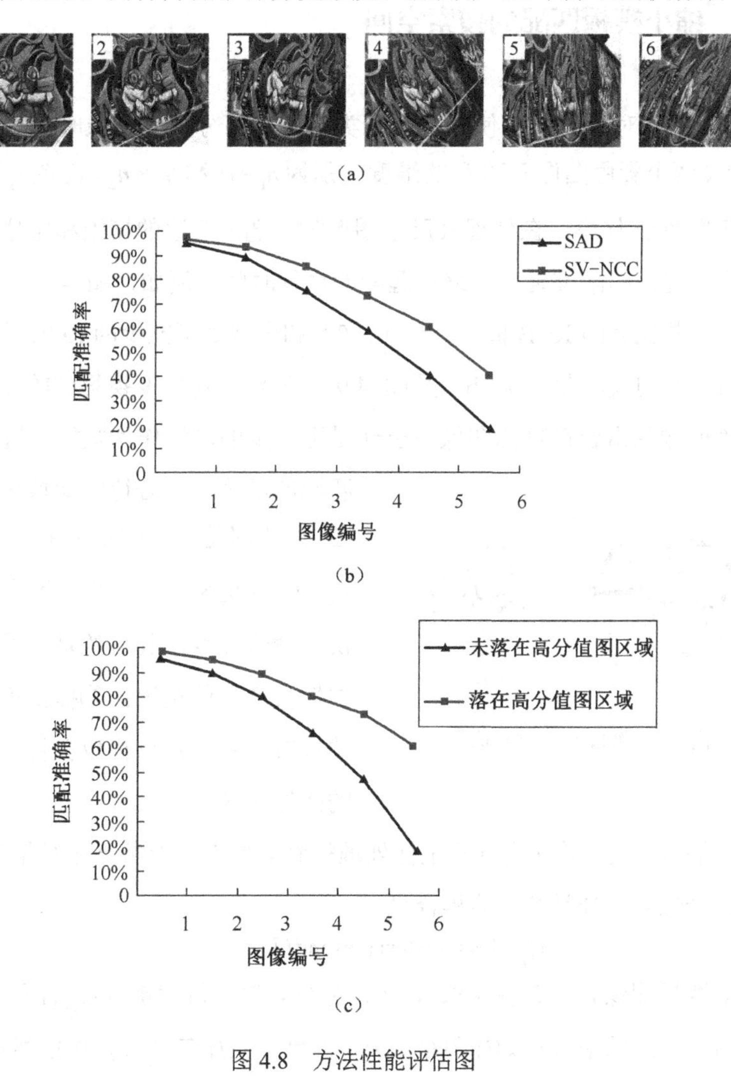

图 4.8　方法性能评估图

4.2 提高模板匹配性能的方法

4.2.1 缩小模板匹配的搜索空间

CFAST[9]对整个图像使用密度聚类，处理高分辨率图像时的执行时间长。定义两个彩色图像 I_1 和 I_2 的维度分别为 $n_1 \times n_1$ 和 $n_2 \times n_2$，图像 I_1 到 I_2 的仿射变换集合为 Ω。在处理大尺寸图像时，选择合适的模板和定位待匹配位置可以提高匹配准确率、缩短匹配的执行时间。例如，图 4.9（a）的形状由占多数比重的 RGB 值（255，0，0）和出现尽可能少的 RGB 值（119，117，162）构成。图 4.9（b）是图 4.9（a）经过仿射变换得到的图像，选择颜色或颜色组合在目标图像中出现尽可能少的区域作为模板，容易提高匹配的准确率。若待匹配搜索区域是图像局部矩形区域 $n_2' \times n_2'$，由于 $n_2 \times n_2 \gg n_2' \times n_2'$，通过降低 Ω 有效加快了搜索速度，其目的是：①提供最佳模板选择的位置；②提供模板选择的位置，并确定该模板在目标图像中的匹配区域。

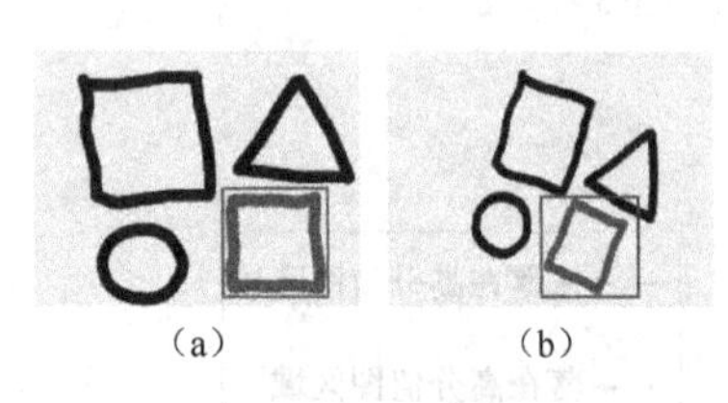

（a）　　（b）

图 4.9　模板匹配位置选择

令输入彩色图像 I 进行降采样处理得到图像 I^D，对数据进行聚类处理，获得每个像素点分类结果的集合 C。

$$C_{I^D}[] = \text{Cluster}(\text{Desend}(I)) \tag{4.5}$$

对两幅图像 I_1、I_2 使用式（4.5）进行处理后得到集合 $C_{I_1^D}[]$ 和 $C_{I_2^D}[]$，计算每个类簇的中心 $C_{I_1^D}(i)$ 和 $C_{I_2^D}(j)$。计算 $C_{I_1^D}(i)$ 在 $C_{I_2^D}(j)$ 中的相似数量，将相似数量的倒数作为目标图像中相似概率的度量值 Score。通过 Score 中

选择的 Top-k 类簇作为模板，用于提高模板匹配准确率。

$$\mathrm{IM}[i][j]=\begin{cases} j,\ C_{I_1^D}(i)==C_{I_2^D}(j) \\ 0,\ 其他 \end{cases},\begin{cases} i\in 1\cdots \mathrm{Count}(C_{I_1^D}) \\ j\in 1\cdots \mathrm{Count}(C_{I_2^D}) \end{cases} \tag{4.6}$$

式中，$\mathrm{IM}[i][j]$ 是计算类簇中心 $C_{I_1^D}(i)$ 在 $C_{I_2^D}(j)$ 中相似类簇的索引矩阵。

$$\mathrm{Score}(i)=\frac{1}{\mathrm{Count}(\mathrm{IM}[i][j]\neq 0)+\varepsilon},\begin{cases} i\in 1\cdots \mathrm{Count}(C_{I_1^D}) \\ j\in 1\cdots \mathrm{Count}(C_{I_2^D}) \end{cases} \tag{4.7}$$

式中，$\mathrm{Count}(\mathrm{IM}[i][j]\neq 0)$ 用于计算类簇 $C_{I_1^D}(i)$ 在 $C_{I_2^D}(j)$ 中的相似数量；ε 用于确保分母不为 0；$\mathrm{Score}(i)$ 为分值表，分数越高则颜色或颜色组合在目标中出现的概率越小。

$$g\times h\to \sum g_i'\times h_i' \quad (i=1,2,\cdots,n) \tag{4.8}$$

通过 $\mathrm{Score}(i)$ 选出 Top-k 类簇。式（4.8）中，搜索区域由整幅图像 $g\times h$ 缩减到几个 $g'\times h'$ 的搜索区域，降低了仿射变换集合 Ω，具体过程如下：

输入：彩色像对 I_1 与 I_2，采样率 α。

输出：模板区域 Area_{I_1}，匹配结果 Area_{I_2}。

（1）采用 α 对 I_1 与 I_2 进行降采样处理，得到 I_1^D and I_2^D。

（2）对 I_1^D 与 I_2^D 进行分类处理获得分类结果 $C_{I_1^D}[]$ 与 $C_{I_2^D}[]$，以及类别数 $C\mathrm{Num}^{I_1^D}$ 与 $C\mathrm{Num}^{I_2^D}$。

（3）计算分值图，通过索引矩阵 IM 为相似类簇建立索引。

```
IM = zero(CNum^{I1^D}, CNum^{I2^D});
for i = 1 : CNum^{I1^D}
    for j = 1 : CNum^{I2^D}
      if (C_{I1^D}(i) == C_{I2^D}(j));
        IM[i][j] = j;
      End
    Score(i) = 1 / (Count(IM[i][j] ≠ 0) + σ);
End
```

（4）根据Score选取Top-k个分值最高的聚类结果。

（5）通过Score与IM计算模板区域$\text{Area}_{I_1^D}$与搜索区域 。

（6）匹配$\text{Area}_{I_1^D}$与$\text{SA}_{I_2^D}$，获得模板区域$\text{Area}_{I_2^D}$。

（7）根据α恢复$\text{Area}_{I_1^D}$与$\text{Area}_{I_2^D}$在I_1与I_2中的位置及大小，得到Area_{I_1}与Area_{I_2}。

（8）返回Area_{I_1}与Area_{I_2}。

对整个像对进行分类获得分割结果，通过比较分类号是否一致来确定每个像素颜色是否一致，从而避开以距离为基础的计算方式。令图像I_1与I_2间的区域相似性为$\varDelta_T(I_1,I_2)$，令$\boldsymbol{T}$为I_1中的像素p到I_2中像素间的仿射变换矩阵，则区域间的相似性计算方法为：

$$\varDelta_T(I_1,I_2)=\frac{1}{n_1^2}\sum_{p\in I_1}\left[C_{I_1}(p)==C_{I_2}\left(\boldsymbol{T}(p)\right)\right] \tag{4.9}$$

利用 BP 神经网络对像对区域进行分类，神经网络训练样本来自 CIE 色度图，在收集训练样本时，抽取每个颜色区域对应的RGB值（100个），并人工标注所属颜色类别号。采用五层前馈神经网络模型进行训练，输入层的神经元有 3 个，分别代表输入的R、G、B值，第一个隐含层包含 51 个神经元，第二个隐含层包含 60 个神经元，第三个隐含层包含 42 个神经元，输出神经元为25个，表示颜色类别号，并采用本节方法进行匹配。图4.10（a）与（b）为降采样后的像对，图4.10（c）为经式（4.7）计算得到的分值图。图4.10（d）是通过分值图选择出四个的聚类区域。图4.10（e）～图4.10（h）分别是选择出的聚类区域在待匹配图像中与类簇中心相似的聚类区域。由图可见，在待匹配图像中选择的模板区域均位于目标图像的聚类区域中，因此在匹配过程中只需要在聚类区域中搜索最终的匹配结果即可。图 4.10（i）是通过图 4.10（d）的聚类区域确定的模板选择位置，图4.10（j）是图4.10（i）模板获得的匹配结果。

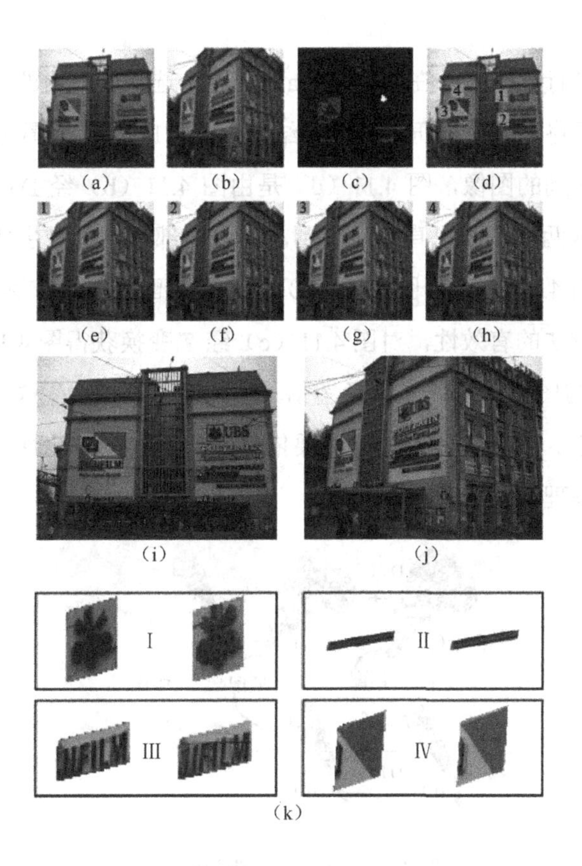

图 4.10　实验结果

4.2.2　无纹理区域的纹理构造方法

当模板落在弱纹理区域或无纹理区域时，由于区域内的每个像素颜色或灰度相同，在进行 SAD 或 CSAD 比较时，无法获得准确的匹配结果，降低了匹配的鲁棒性。针对该问题，给出一种对无纹理区域的构造方法，即通过 DTTC（Distance Transform Towards Centroid）构造具有仿射不变性的纹理，其目的是在进行模板匹配时解决无纹理区域无法匹配的问题。

图 4.11 更为直观地解释了本节技术路线，图 4.11（a）是一幅无纹理图像，图 4.11（b）是由图 4.11（a）经仿射变换 $\boldsymbol{T}$ 得到的图像。采用 FAST-Match

对两幅图像进行匹配时，在图 4.11（a）中无论选择区域内的哪个部分作为匹配模板，都将无法获得正确的匹配结果。图 4.11（c）为图 4.11（a）采用 DTTC 方法得到的图像，图 4.11（d）是由图 4.11（b）经 DTTC 方法获得的图像，从这两幅图可以直观地看到，图像内部不同区域生成了不同颜色值，即采用图 4.11（c）与图 4.11（d）再进行匹配，将更有利于模板匹配。为了验证该方法的有效性，对图 4.11（c）经 $\boldsymbol{T}$ 变换获得图 4.11（e），对比图 4.11（d）与图 4.11（e）的颜色差值，越趋近 0 则代表生成纹理受仿射变换的影响越小。由于生成的纹理需要依赖仿射变换的等比性，下面给出本节方法的相关理论证明。

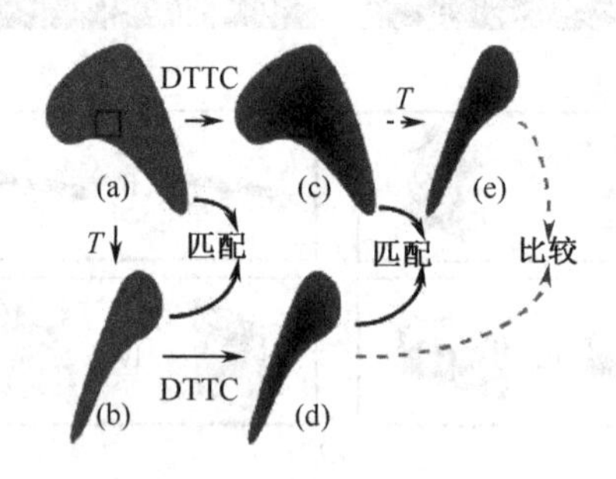

图 4.11　无纹理区域匹配过程

假设 $\overrightarrow{OP}$ 为 I_1 中的矢量，$\overrightarrow{O'P'}$ 为 I_1 经仿射变换 τ 获得 I_2 中对应的矢量，则有 $\tau(\overrightarrow{OP})=\overrightarrow{O'P'}$。令 $\overrightarrow{OA}=\frac{\lambda}{\left|\overrightarrow{OP}\right|}\overrightarrow{OP}$，$\overrightarrow{O'A'}=\frac{\lambda}{\left|\overrightarrow{O'P'}\right|}\overrightarrow{O'P'}$，证明：$\tau(\overrightarrow{OA})=k\cdot\overrightarrow{O'A'}$。

证明：

$$\tau(\overrightarrow{OA})=\tau\left(\frac{\lambda}{\left|\overrightarrow{OP}\right|}\cdot\overrightarrow{OP}\right)=\frac{\lambda}{\left|\overrightarrow{OP}\right|}\left[\tau\left(\overrightarrow{OP}\right)\right]=\frac{\lambda}{\left|\overrightarrow{OP}\right|}\cdot\overrightarrow{O'P'}$$

$$=\frac{\left|\overrightarrow{O'P'}\right|}{\left|\overrightarrow{OP}\right|}\cdot\overrightarrow{O'A'}=k\cdot\overrightarrow{O'A'}\left(k=\frac{\left|\overrightarrow{O'P'}\right|}{\left|\overrightarrow{OP}\right|}\right)$$

上述公式说明，$\overrightarrow{OA}$ 经仿射变换后，A 在 I_2 中对应的位置 A' 与 k 相关，

应处于 I_2 轮廓与重心 O' 之间比例为 $\dfrac{|\overrightarrow{O'P'}|}{|\overrightarrow{OP}|}$ 的水平集上。依据该性质，分别确定 I_1 与 I_2 边缘到各自重心间的矢量 $\overrightarrow{OP}$ 及 $\overrightarrow{O'P'}$，并以 1 作为矢量总长，$|\overrightarrow{OP}|$ 及 $|\overrightarrow{O'P'}|$ 分别作为等分数量，则 $\dfrac{1}{|\overrightarrow{OP}|}$ 及 $\dfrac{1}{|\overrightarrow{O'P'}|}$ 为同方向上的单位矢量模值，令 $\omega_1 \in 1 \cdots |\overrightarrow{OP}|$，$\omega_2 \in 1 \cdots |\overrightarrow{O'P'}|$，由重心构造矢量 $\overrightarrow{OA} = \omega_1 \cdot \dfrac{1}{|\overrightarrow{OP}|}$，$\overrightarrow{O'A'} = \omega_2 \cdot \dfrac{1}{|\overrightarrow{O'P'}|}$，并将 $|\overrightarrow{OA}|$ 及 $|\overrightarrow{O'A'}|$ 填写于 A 及 A' 处，建立具有仿射不变性的重心距离变换图。在进行模板匹配时，由于选定模板区域的灰度值由重心到边缘间距离等比例构成，因此仿射变换后与同目标区域的重心/边缘距离比相同，则依据 SAD 抽样计算区域像素灰度即可获得相应的匹配结果。由此可见，上述方法构造的重心距离变换图不仅可以将边缘的形状信息反映到无纹理区域中，同时又保持了每个位置的矢量对应关系，DTTC 构建步骤如下：

输入： 图像 I。

输出： DTTC。

（1）将图像 I 转换为二值图，将目标区域 D 置 1，其余区域置 0。

（2）计算 D 的质心坐标 (x_c, y_c)。

（3）变换 D 中的每个像素点，并构建矢量矩阵 $V(x,y,d,\theta)$：

$$d(x,y)=\mathrm{sqrt}\left((y-y_c)^2+(x-x_c)^2\right)\ \theta(x,y)=\arctan\left(\frac{y-y_c}{x-x_c}\right)。$$

（4）令 $k=1:360$，以步长为 1、增长为 k 构建 DTTC：变换每个 V 中的单元，搜索所有 $\theta == k$ 的单元建立集合 V_k，则 DTTC 图通过 $\mathrm{DTTCC}(x,y)=\dfrac{[V_k]^d}{\max([V_k]^d)}$ 获得。其中，$[V_k]^d$ 为 V_k 中的 $d(x,y)$。如果 I 为灰度图像则返回 DTTC。

（5）分别计算 R、G、B 通道的 DTTC：$\mathrm{DTTC}(1:3)=I(1:3)*\mathrm{DTTC}$，

并返回DTTC。

实验数据采用自构造的图形进行测试，条件是图像中不存在对称部分，即保证模板选择区域在当前图像中应唯一。对图像依据式（4.10）进行仿射变换：

$$[x \quad y \quad 1]=[w \quad z \quad 1]\cdot \boldsymbol{T} \tag{4.10}$$

$$\boldsymbol{T}=\underbrace{\begin{bmatrix}\cos\theta & \sin\theta & 0\\ -\sin\theta & \cos\theta & 0\\ 0 & 0 & 1\end{bmatrix}}_{\text{旋转变换}}\underbrace{\begin{bmatrix}s_x & 0 & 0\\ 0 & s_y & 0\\ 0 & 0 & 1\end{bmatrix}}_{\text{尺度变换}}\underbrace{\begin{bmatrix}1 & 0 & 0\\ 0 & 1 & 0\\ \delta_x & \delta_y & 1\end{bmatrix}}_{\text{平移变换}}\underbrace{\begin{bmatrix}1 & b & 0\\ c & 1 & 0\\ 0 & 0 & 1\end{bmatrix}}_{\text{碰切变换}}$$

式中，w 与 z 为仿射变换前的坐标；x 与 y 为变换后得到的坐标；$\boldsymbol{T}$ 为仿射变换矩阵。θ 用于控制旋转变换，s_x 与 s_y 用于控制尺度变换，δ_x 和 δ_y 用于控制平移变换，b 和 c 用于控制碰切变换，通过改变这些参数值获得不同的仿射变换矩阵。

图 4.12（a）为由图 4.11（a）先进行 DTTC 变换，再进行仿射变换得到的图像；图 4.12（b）是由图 4.12（a）先经仿射变换，再由 DTTC 变换获得的结果。图 4.12（c）为图 4.12（a）与图 4.12（b）进行差值运算后获得的结果，为了利于观察，该图由直方图均衡方法增强了区域对比度。在理想情况下差值应为 0，从图 4.12（c）中可见，靠近边缘部分的差异较为明显，其他部分的灰度值相差不大。

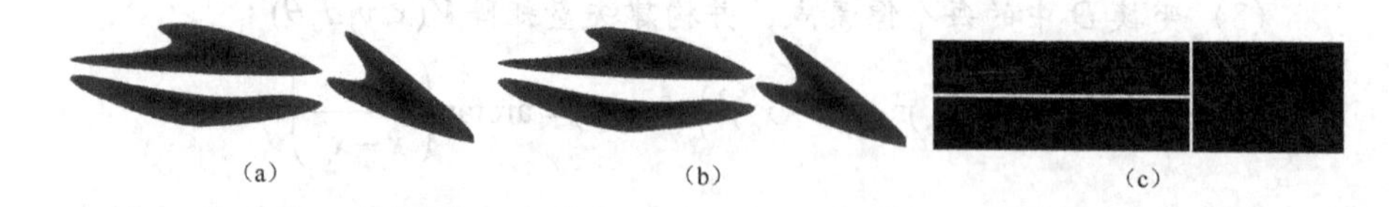

图 4.12　仿射变换结果比较

图 4.13 为不同仿射变换下的实验对比结果，其中方块区域为图 4.11（a）标记匹配区域后先进行 DTTC 变换，再进行仿射变换得到的区域；将图 4.11（a）先经仿射变换，再经 DTTC 变换获得 DTTC 图像后，利用 CFAST 方法获得的匹配结果如方块区域所示。对比两个区域的位置可见，两个区

域重叠在一起了，由于方块区域是标准标记结果，则验证了本节方法的有效性及准确性。图 4.14（a）～（c）为一组大尺度变换下的实验结果，由该结果可见，只有图 4.14（b）是正确的，即大尺度变换可能使变换后的图像出现相似性区域，因此本节方法在这种情况下的准确率不高。采用图 4.15 中的图像 s_1～s_3 作为实验数据，表 4.1 中第 1 列为四种不同的取值范围，随着行数的增加仿射变换范围也越大。在不同的行上，随机抽样该范围内的数据及模板位置对 s_1～s_3 进行实验，结果如表 4.1 中第 2～4 列所示。从实验数据上看，当仿射变换尺度不是很大时，本节方法的准确率可以达 75%以上，因此在进行自然像对匹配时，通过 RANSAC 方法进行多区域匹配一致性检测可以将误匹配区域剔除。

图 4.13　匹配结果比较

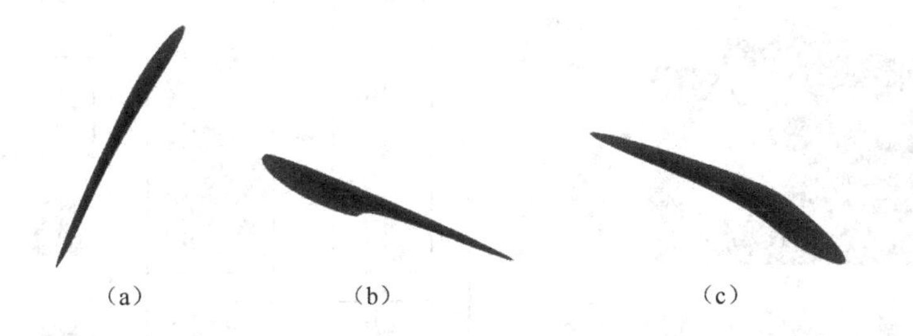

图 4.14　大尺度仿射变换匹配结果比较

图 4.15　实验数据

表 4.1　实验结果分析

仿射变换	s_1	s_2	s_3	均　值
$s_x,s_y \in (0.8,1.2)$ $\theta \in (-45^\circ,45^\circ)$ $b,c \in (-0.5,0.5)$	98%	100%	99%	99%
$s_x,s_y \in (0.5,0.8)\cup(1.2,1.5)$ $\theta \in (-90^\circ,-45^\circ)\cup(45^\circ,90^\circ)$ $b,c \in (-1,-0.5)\cup(0.5,1)$	90%	92%	89%	90%
$s_x,s_y \in (0.3,0.5)\cup(1.5,1.8)$ $\theta \in (-135^\circ,-90^\circ)\cup(90^\circ,135^\circ)$ $b,c \in (-1.5,-1)\cup(1,1.5)$	74%	79%	71%	75%
$s_x,s_y \in (0.1,0.3)\cup(1.8,2)$ $\theta \in (-180^\circ,-135^\circ)\cup(135^\circ,180^\circ)$ $b,c \in (-2,-1.5)\cup(1.5,2)$	39%	44%	42%	42%

图 4.16（a）与图 4.16（b）是从两个不同的摄影位姿获得的同一场景像对，图 4.16（c）与图 4.16（d）为该像对无纹理区域的局部放大图。图 4.16（e）为选择的待匹配区域，图 4.16（f）为经过 DTTC 处理得到的结果，图 4.16（g）为与图 4.16（e）匹配得到的结果，图 4.16（h）为与图 4.16（f）

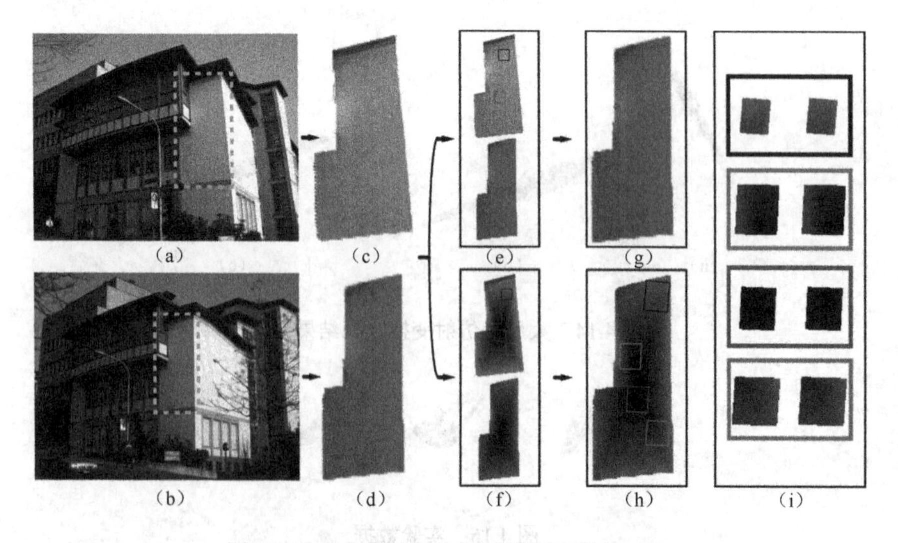

图 4.16　真实像对无纹理区域匹配结果对比

匹配得到的结果，图 4.16（i）给出了图 4.16（f）与图 4.16（h）对应的局部放大图。由图可见，图 4.16（h）给出的局部放大结果与图 4.16（f）的局部放大结果一致。对比匹配区域的形状，除右上角的区域有些不同外，其余区域均相同。与图 4.16（g）相比，匹配准确率得到了明显提高，验证了本节方法的有效性。

4.3 本章小结

为了提高模板图像匹配的准确率，引入彩色图像的多通道特征，提出抽样矢量归一化互相关方法 SV-NCC，计算区域间的相似性，并给出一种基于分值图的模板选择方法，用于提高模板匹配的准确率。此外给出一些提高模板匹配性能的方法，包括缩小模板匹配搜索空间的方法及无纹理区域的纹理构造方法，实验结果验证了本章方法的有效性。

参考文献

[1] Alexe B，Petrescu V，Ferrari V. Exploiting spatial overlap to efficiently compute appearance distances between image windows[J]. Neural Information Processing Systems，2011，24：2735-2743.

[2] Tsai D M，Chen C H. Rotation-invariant pattern matching using wavelet decomposition[J]. Pattern Recognition Letters，2002，23（1）：191-201.

[3] Kim H Y，Araujo S A D. Grayscale template-matching invariant to rotation，scale，translation，brightness and contrast[J]. Advances in Image

and Video Technology，2007，4872：100-113.

[4] Yao C H，Chen S Y. Retrieval of translated，rotated and scaled color textures[J]. Pattern Recognition，2003，36（4）：913-929.

[5] Tian Y，Narasimhan S G. Globally optimal estimation of nonrigid image distortion[J]. IJCV，2012，98（3）：279-302.

[6] Korman S，Reichman D，Tsur G，et al. FAST-Match：Fast Affine Template Matching [C]. CVPR，America：IEEE，2013：1940-1947.

[7] Adrian P S，Lorenzo P，Francesc M N. Matchability Prediction for Full-Search Template Matching Algorithms[C]. International Conference on 3D Vision，America：IEEE，2015：353-361.

[8] Yang Y C，Lu Z J，Sundaramoorthi G. Coarse-to-Fine Region Selection and Matching[C]. CVPR，America：IEEE，2015：5051-5059.

[9] Jia D，Cao J，Song W D，et al. Colour FAST（CFAST）Match：fast affine template matching for colour images[J]. Electronics Letters，2016，52（14）：1220-1221.

[10] Han J W，Kamber M. Data mining：concepts &techniques[M]. America：Elsevier，2001.

[11] Mikolajczyk K，Schmid C. A performance evaluation of local descriptors[J]. PAMI，2005，27（10）：1615-1630.

[12] Everingham M，Gool L V，Williams C，et al. The PASCAL Visual Object Classes Challenge[J]. IJCV，2010，88（2）：303-338.

反侵权盗版声明

电子工业出版社依法对本作品享有专有出版权。任何未经权利人书面许可，复制、销售或通过信息网络传播本作品的行为；歪曲、篡改、剽窃本作品的行为，均违反《中华人民共和国著作权法》，其行为人应承担相应的民事责任和行政责任，构成犯罪的，将被依法追究刑事责任。

为了维护市场秩序，保护权利人的合法权益，我社将依法查处和打击侵权盗版的单位和个人。欢迎社会各界人士积极举报侵权盗版行为，本社将奖励举报有功人员，并保证举报人的信息不被泄露。

举报电话：(010) 88254396；(010) 88258888
传　　真：(010) 88254397
E-mail：　dbqq@phei.com.cn
通信地址：北京市万寿路173信箱
　　　　电子工业出版社总编办公室
邮　　编：100036